U0402019

羞耻感

[美] 罗纳德·波特-埃夫隆 Ronald Potter-Efron 帕特丽夏·波特-埃夫隆 Patricia Potter-Efron 著

王正林 译

Letting Go of Shame

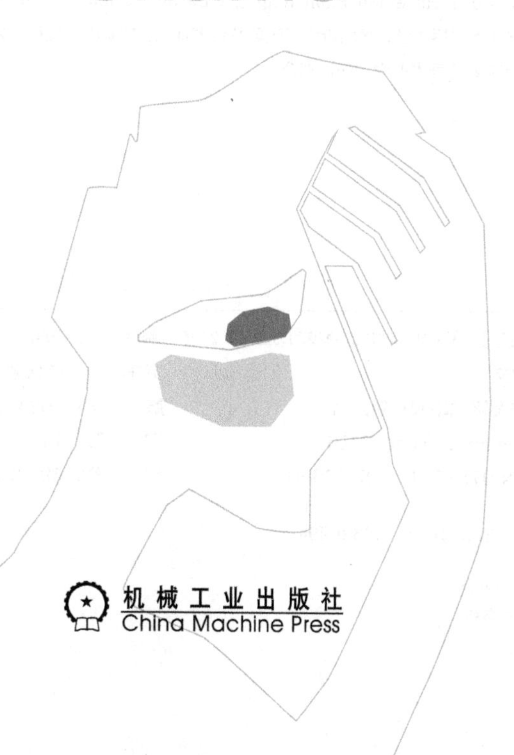

机械工业出版社
China Machine Press

图书在版编目（CIP）数据

羞耻感 /（美）罗纳德·波特－埃夫隆，（美）帕特丽夏·波特－埃夫隆著；王正林译．—北京：机械工业出版社，2018.1（2024.10重印）
书名原文：Letting Go of Shame: Understanding How Shame Affects Your Life

ISBN 978-7-111-58676-0

I. 羞… II. ①罗… ②帕… ③王… III. 情绪－自我控制－通俗读物 IV. B842.6-49

中国版本图书馆CIP数据核字（2017）第297249号

北京市版权局著作权合同登记 图字：01-2017-2490号。

Ronald Potter-Efron, Patricia Potter-Efron. Letting Go of Shame: Understanding How Shame Affects Your Life.

羞耻感

出版发行：机械工业出版社（北京市西城区百万庄大街22号 邮政编码：100037）

责任编辑：宋学文　　责任校对：李秋荣

印　　刷：固安县铭成印刷有限公司　　版　　次：2024年10月第1版第11次印刷

开　　本：170mm×230mm 1/16　　印　　张：14

书　　号：ISBN 978-7-111-58676-0　　定　　价：59.00元

客服电话：（010）88361066 68326294

献词

谨以此书纪念C. 斯坦利·波特（C. Stanley Potter）和迈尔斯·J. 埃夫隆（Miles J. Efron）。

LETTING GO OF SHAME

致谢

我们要向那些在本书逐渐成形的过程中读过并评论过书中内容的人们致谢，他们是：丹尼斯·巴尔杜克（Denise Balduc）、保罗·赫克（Paul Heck）、马克·摩斯（Mark Morse）、简·史密斯（Jan Smith）、理查德·史密斯（Richard Smith）以及李·韦伯斯特（Lee Webster）。他们的评论对我们十分有益，提醒我们关注一些新的或者曾被忽略的思想。此外，我们感谢詹妮佛·波特－埃夫隆（Jennifer Potter-Efron），她出色地将最终的手稿打印出来。朱迪·德莱尼（Judy Delaney）是 Hazelden 出版社的编辑，她热情的支持既激发了我们的斗志，又鼓舞了我们不断前行。最后，我们想表达我们对许多朋友和同事的感激之情，他们不但把他们羞耻的体验告诉我们，还为我们带来了温暖和关爱。

引言

羞耻的定义

羞耻是一个难以捉摸的概念。尽管自20世纪50年代以来一直有心理学家对其定期开展研究，但和与之最为接近的另一种情绪——内疚——相比，人们对羞耻的了解少得多。直到最近，学术界才开始出现许多关于羞耻这个主题的著作。

这种学术研究上的忽略，部分原因是历史的偶然。例如，奥地利精神分析学家、精神分析学的创始人西格蒙德·弗洛伊德（Sigmund Freud）着重研究的主题碰巧是内疚而不是羞耻。后来，一些人类学家认为内疚是一种比羞耻更高级、更复杂的感觉。他们宣称，西方社会没有或不需要羞耻感。

尽管如此，羞耻感之所以这样飘忽不定，一个更好的原因也许是人们对令人羞耻的经历的自然反应：隐瞒和回避。深感羞耻的人最不想谈论的就是这种感觉。甚至在治疗期间，他们也常常隐瞒他们觉得羞耻的事情，转而向医生透露他们的愤怒、忧伤或恐惧。羞耻的感觉让人难以承认，而带着羞耻的感觉面对他人同样很难。这样的结果是，当人们最需要别人的时候，也就是说，当他们感到最丢脸和最可耻的时候，却和别人隔绝起来。

什么是羞耻？它不只是一种感觉。它综合了一系列的生理反应（比如低头看着地面或者脸红）、可预测的行为（比如对别人隐瞒或者退避）、不舒服的想法（比如“我的人生就是一场失败”）以及精神绝望等。我们对羞耻的定义是：它是一种令人痛苦的信念，感到羞耻的人相信，自己身为人类，存在着一些根本的缺陷。

本书分为三个部分。在第一部分，我们通过仔细描述令人羞耻的经历来了解它，并将普通的、建设性的羞耻感（可以用来改善你的人生境遇的羞耻感）与让人感到过于羞耻的问题进行对比。我们基本的信念是：羞耻感即使痛苦，也可以是一种健康和有益的感觉。但是，它也可能变成不健康的感觉，特别是当某人产生了太多的羞耻感、感到被它淹没的时候。深感羞耻的人会遭受巨大的痛苦，他们无法使用羞耻感来改善人生境遇。

在第二部分，我们阐述羞耻感的五个不同的来源：

- 我们的遗传和身体构造；
- 美国的文化；
- 家族的起源；
- 我们当前感到羞耻的个人关系；
- 我们自己的自我羞辱的想法和行为。

这些来源中的一种或几种可能对我们产生影响。重要的是，没有哪一种单独的羞耻感来源适用于每一个人。许多深感羞耻的人在父母的批评声和不支持的态度中长大。另一些人更容易受到他们成年后发生的羞耻事件的影响，例如与动辄骂人的配偶结了婚。还有一些人的羞耻感似乎来自遗传因素，或者反映了文化的偏见与歧视。最后，有些人本身就是最恶劣的可耻之徒，即使别人在努力支持和帮助他们，他们也会毫不留情地攻击别人。

在第三部分，我们将学习一些治愈羞耻感的指导原则。治愈，首先要理解，然后要采取行动。治愈羞耻感，要求我们：

- 充分认识我们的羞耻感；
- 注意我们对羞耻感的防御；
- 将一定程度的羞耻心作为人类状况的一部分加以接受；
- 挑战羞耻感；
- 确定积极的目标，以帮助我们用自我价值感来替代羞耻感。

一旦我们开始治疗羞耻感，我们便在朝着人性、谦逊、自主和能干的方向发展。我们敢说自己是一个普通的人，不比别人更好，也不比别人更差，就是这样一个独一无二的、足够优秀的人。

在每一章的末尾，我们都安排了一些帮助个人成长的练习。我们觉得这些练习将有益于你，特别是如果你在羞耻感方面觉得自己存在严重问题的话，请一定花时间完成这些练习。最好是准备一个笔记本，把你练习过程中的答案写下来，看一看生活中哪些方面让你产生羞耻感，以及你怎样将不好的羞耻感转变成好的羞耻感。找一个你信任的人一起探讨你记下的和正在思考的答案，也许是个好主意。

我们相信，倘若你被自己的羞耻感所伤害，这种伤害是可以治愈的。你需要保持活力、充满耐心和坚持不懈。你还需要理解和勇气。最重要的是，你需要希望，也就是一种深深的信念，相信这个世界上不应当有人永远生活在绝望之中。治愈了羞耻感的人会发现，他们能够比从前更加自由地生活，带着自尊、体面、荣誉和切合实际的自豪感更好地活下去。

羞耻和内疚

羞耻和内疚可以称为人际情感，因为两者都告诉我们，我们与周边的世界之间出了一些问题。两者都要求我们仔细地审视自己并在生活中做出改变。两种情感的另一个相似之处是，如果适度，它们都是宝贵的；如果过量，它们都有破坏作用。如果两者之中的任何一种情感过多，都可能让人无法抵抗。

然而，羞耻与内疚还有着一些重要的差别。首先，羞耻涉及某个人**做人**的失败，而内疚则指向**做事**的失败。感到羞耻的人认为自己基本上在做人的某些方面出了问题；感到内疚的人觉得自己做错了某件事情，必须纠正。当然，某个人也可能同时兼有这两种情感。例如，某个人违背了对配偶忠贞的誓言，婚内出轨，于是充满悔恨。他也许对自己说，自己做了很不好的事情，这是承认自己感到内疚。他还可能认为自己不坚定、有缺点，或者令人恶心，觉得他一定是天生就有问题，所有这些都是羞耻的标志。

其次，两者之间的重要差异在于，感到羞耻的人通常受到自身**缺点**的困扰，而深感内疚的人则注意到他们的**违规**。有羞耻感的人常常认为自己不够好，因为他们没有达到人生的目标。他觉得自己不如同事那么聪明，不如母亲那么有魅力，不像父母亲那么和善，不像朋友们那么有趣。相反，格哈特·皮尔斯（Gerhart Piers）和密尔顿·辛格（Milton Singer）在他们合著的书籍《羞耻与内疚》(*Shame and Guilt*) 中写道，心生内疚的人则认为自己做得过火。他会对自己说，**我好希望自己没有做那件事。我伤害了别人，感觉太糟糕了。**

最后，羞耻与内疚之间的差别在于，深感羞耻的人害怕**被抛弃**，而心生内疚的人担心**受惩罚**。前者害怕被抛弃，是因为他觉得自己有太多缺点，不会受到别人的爱或珍视。有的人非常不喜欢或不尊重他自己，通常以为，别人只要意识到他不够完美，便会头也不回地离开他。后者预料和担心自己受惩罚，因为他做了错事，必须付出代价。他害怕的惩罚有轻有重，轻则打手心，重则蹲监狱。

羞耻感可能比内疚感更难治愈，因为它涉及人而非特定的行为。感到羞耻的人要改变他的自我概念，以便获得新的自我概念和自豪感。这通常是一个缓慢的过程，有时甚至是痛苦的过程，包括深刻审视我们对自己在这个世界上的地位的基本假定。

有时候，令我们感到羞耻和内疚的问题相互混杂在一起，到最后几乎变得不可能区分它们。例如，有的人一开始就问自己：“我怎么会做了**那样的事**?”在发问的时候，他的注意力要么集中在这个问话中的“我”之上，要么集中在“那样的事”之上。如果是后面这种情况，“我怎么会做了**那样的事**”，暗示着关注那种行为、违规以及内疚感。如果是前面那种情况，“**我**怎么会做了那样的事”，意味着关注自己的身份、缺点和羞耻心。人们很容易依次或者同时提出这个问题的两个部分，从而使得内疚感引出羞耻心，反过来也一样。

本书的读者可能需要训练一下自己的耐心。可以理解，你也许希望尽快地从不好的羞耻感中解脱出来。但随着你一路读这本书并一直思考羞耻感，似乎还在短时间内强化了那种感觉。和我们一同坚持下去。我们将向你表明如何应对不好的羞耻感，也告诉你，为什么说好的、短暂的羞耻感是我们健康生活中的重要组成部分。

我们在本书中之所以重点阐述羞耻感的主题，主要是由于人们对它的阐述不如内疚感那么多，还由于人们对羞耻感了解得很不够。我们关注的焦点是你怎样看待自己。我们的目标是帮助你欣赏自己，并且认为自己是能够对这个世界做出某些重要贡献的宝贵的人。

LETTING
GO OF
SHAME

编者说明

本书中的故事根据许多人的生活以及他们应对羞耻感的情形来编写。如有雷同，纯属巧合。

为保护书中提及的所有人的自尊，不论他们的性别为何，作者都在书中用“他”泛指。两位作者相信，羞耻感的问题没有性别、信仰、肤色或宗教团体之分，任何人都存在。

目录

第三部分　治愈羞耻感的创伤

LETTING GO OF SHAME

第一部分

了解羞耻感

令人羞耻的经历是怎样的？普通的、建设性的羞耻感与过度的、破坏性的羞耻感有着怎样的区别？

在本书的第一部分，我们将细致描述为什么深感羞耻的人无法改善他们的人生境遇，直到他们理解了羞耻感是什么。

第1章

羞耻：整个自我的失败

一个两岁女孩正在探索世界。她在花园里找了一块特别的地方，兴致勃勃地挖掘着那里松软的泥土。她对自己的成就感到自豪。她想告诉世界："你们瞧，我能挖出这么多土。我很棒。"

她母亲看见这一幕后，大声吼道："你看看你！把这里弄得这么乱七八糟，全身脏兮兮的，衣服也被你弄破了。我对你真是太失望了。你应当为自己感到羞耻。"

小女孩顿时觉得自己非常渺小。她耷拉着脑袋，两眼盯着地面。她看到了自己脏兮兮的双手和沾满了泥巴的衣服，开始发自内心地觉得自己很脏。她想，她身上一定有些什么东西非常肮脏，脏得她永远都不可能真正洗干净。她听出了母亲轻蔑的语气，感到自己有缺陷。

一个 16 岁的少女最近开始约会。她的男朋友似乎是一位绅士，而且，事实上他从不强迫她做任何她不喜欢的事情。渐渐地，她越来越信任他。他们在上课的时候递纸条，在纸条上写一些情话。男朋友在那些纸条上亲切地称她为“性感女孩”。

一天，女孩穿过校园时，她男朋友的一位好友在她经过时高声打招呼：“嘿，性感女孩，你好吗？”她突然意识到，一定是男朋友把他们的纸条给别人看了，瞬间羞得无地自容，脸上似乎有一团火在烧。她想立马跑开，仿佛觉得所有人都可以看穿她。

后来，她接到了男朋友打来的道歉电话。但现在，她已变得怒不可遏。“离我远点！”她哭着说，“我永远不会原谅你，永远不再跟你说一句话！”

……………………………………

一个中年男人在一家小公司找了份稳定的工作。他工作很出色，晋升的前景看起来很好，上司经常给他积极的评价。他知道同事对他的看法也很好。

一天，他的老板因为一个小错误批评了他。也许是因为他开会迟到了一会儿；也许是他下订单时忘了一同把发票发给对方。这个小错只给公司造成了很小的损失。他的老板只是指出了问题，并没有斥责他。

尽管如此，中年男人有一种彻底的失败感。他“知道”自己身上有一些根本的问题。他相信老板一直把他当成骗子。他确认别人会觉得他甚至不应该在这里继续干下去了。他不完美，因此一定毫无价值。他花了好几个钟头来回忆在这家公司以及上一份工作中自己犯下的每一个错误，这只会让他感到心情更坏。他回到自己的办公室，关上门，整整一天都不再出门。他知道自己永远无法做到足够好。

一个年长的男人大部分时间都在批评身边的所有人。他觉得妻子愚昧无知；儿子懒惰成性；女儿笨头笨脑；朋友粗鲁无礼；整个世界腐化堕落。他毫不迟疑地告诉别人，他比他们都更聪明、更理智，并且总的来说更优秀。他宣扬他的优越感。他料想自己会获得人们的尊敬。

也许有的人确实认可这个人的自我形象，但另一些人觉得他戴着面具。他们透过他的自大和傲慢来观察，发现了他内心的不安全感和缺陷。他们意识到，这个人试图让全世界相信他比别人更好，但恰好在这个时候，他真正的感受却是比别人更差。另外，在这个人身边生活真的极其艰难，因为他太瞧不起别人了。他身边的人不但不会尊敬或崇拜他，还会躲着他、避开他，不愿跟他透露他们自己内心的任何想法。

这四个例子中的主角有一个共同点——羞耻的感觉。羞耻是一种遍及全身的痛苦感觉。它有众多的变体，在任何两个不同的人身上，看起来绝不会完全一样。例如，和年长男人的羞耻感相比，两岁女孩的羞耻感更多的是生

理上的，而不是智力上的。16 岁少女的那种被人们一眼看透和无比丢脸的感觉，与中年男人长期对自己的怀疑形成鲜明对比。年长的男人比其他人更多地把羞耻感深深埋在自己内心，而中年男人则把自己的羞耻感当成一个完全的秘密来保守。在这几个例子中，只有那位少女将她的羞耻感转化为了暴怒。

令人羞耻的经历有一些共同特点：确定的和强烈的生理反应、不舒服的想法、麻烦的行为，以及精神上的折磨。

羞耻感的生理构成

突然产生的强烈羞耻感是一种压倒性的体验。在此之前，我们似乎过得很好，充满活力，满怀自我价值感和愉快感觉。然后，某件不好的事情发生了，这件事情，也许像我们注意到自己的衬衫或裤子上有些污渍那么微不足道，也许是一些更加引人关注的事情，比如，由于我们犯了错，老板对我们大声呵斥。在这些时候，我们希望自己保持冷静、从容不迫。我们渴望自己能够体面、优雅、镇定地应对这些场面。

但是，只有当我们的身体也愿意配合时，我们才能做到。相反，我们会觉得自己的脸上开始发烫。出于某些原因，我们无法逼着自己看向前方，因为我们的脑袋会不由自主地低垂下来，于是，眼睛则会随之望向地面。也许我们感到胸口堵得慌。此刻，我们感到自己的心跳已经不受身体的控制了。有些人可能觉得内心一片空洞。随着我们被敏锐的自我意识所控制，我们的思绪在翻滚，于是感到时间仿佛凝固了。我们几乎说不出话来。我们倍感羞耻。

这是第一轮的羞耻感，给我们的感觉已经很不好了。但是，一旦我们注意到这些感受，感觉可能更糟糕。我们对自己的羞耻感感到万分惭愧。我们也许绝望地想让自己冷静下来，但我们的身体就是不听从。脸上的发烫变成了炙热，我们的脸开始窘迫地变红了。现在，我们的双眼依然盯着脚下的地面，内心有一种想要逃离、远离这整个场面的强烈冲动，但我们不得不压制着这种冲动。我们可能开始感到想要呕吐。对自己的羞耻感，我们开始感到恶心。

并不是所有的羞耻感都如此痛苦。但是，羞耻感几乎总是与生理息息相关。它更加不易察觉的形式包括在讲话时短暂地停顿和犹豫、在说话时四处张望、在交谈时语调微妙地变化，而且有一种几乎很难发觉的脸上发烫的感觉和不舒服感觉。毕竟，羞耻感是一种感觉。

在羞耻感袭来时，另外两种生理反应是常见的。首先，我们开始觉得自己越来越小。其次，我们似乎感到身边的人变得越来越大，声音越来越响亮，行为越来越危险。仿佛我们在缩小。也许我们将两只胳膊紧挨着身体，两条腿紧紧并拢，本能地压缩自己身体所占据的空间。我们试图让自己感到渺小，以此来保护自己。有过这种经历的人说，他们倍感羞耻的时候，觉得自己像个小孩。

尽管陷入羞耻感的人努力使自己变小，但他们仍然感到自己对他人完全开放、容易受他人攻击，并且暴露在他人面前。这不止是一种想法，它也是一种极度不舒服的生理反应。其他人的眼神，似乎不可直视。他们的皮肤仿佛变得透明，以至于别人可以直接看穿他们。感到羞耻的人很想变成完全的隐形人，让别人看不到他。但事实与他的想法相反，他感到自己完全暴露在他人的审视之下。

但是，羞耻感不只是一种感觉。这种令人不安的感觉，触发了痛苦的想法，通常是我们全都十分熟悉的、会让倍感羞耻的人感到更加麻烦的想法。这些想法确认了倍感羞耻的人的感觉，他们感到自己确实有些事情是一种耻辱。

羞耻的想法

羞耻感产生了如此强烈的感觉，以至于我们容易低估在记录、标记甚至增强那种情绪时我们的思考的重要性。学者们通常撰文指出，和内疚感相比，羞耻感在生理上的反应多得多，认为内疚感出现在我们的头脑中，而羞耻感表现在我们的身体上。这种观点有一定的道理。深感羞耻的人通常感到太糟糕了，以至于不愿意详细描述令他们羞耻的经历。他们希望尽快抛弃这些感觉。谁希望老想着让自己羞耻的事情呢？

然而，羞耻感很大程度上也是一个心理过程。我们确实会想着羞耻感，有时候，我们还老想着自己的尴尬、失败和耻辱，根本停不下来。到最后，我们用各种低下的字眼来骂自己（“笨蛋”“傻子”“婊子”等），从而加剧了我们的羞耻感。于是，自我憎恨的感觉以这种方式逐渐增强，每一次都对我们是一种侮辱。

以下这些是倍感羞耻的人通常告诉自己的一些想法：

- 我有缺点（有瑕疵、很蹩脚、是个错误、出了纰漏）。
- 我很脏（不干净、很丑陋、不整洁、不纯洁、有污秽、令人恶心）。
- 我不胜任（不够好、不称职、不聪明、毫无用处）。
- 我没人要（不被人爱、不被人欣赏、不受人珍惜）。
- 我活该被抛弃（被遗忘、不被人爱、被留下）。
- 我软弱（渺小、无能、孱弱、无力）。

- 我坏（可怕、可憎、邪恶、可鄙）。
- 我可怜（卑鄙、悲惨、不重要）。
- 我一文不值（毫无价值、无足轻重、不被注意、毫无意义）。
- 我活该被人批评（谴责、反对、毁灭）。
- 我觉得可耻（窘迫、丢脸、受辱、不光彩）。

感到深深羞耻的人很有规律地产生这些想法。事实上，他们通常以为，几乎每个人都有这种想法，也就是说，以为大多数人基本上认为他们是坏人、有缺点的人、可耻的人。他们还十分确定，其他人的看法也和他们的自我评价一致。他们觉得，家人和同事也会看到他们的缺点。那些陷入深深的羞耻感中的人预料，其他所有人都在嘲笑和蔑视他们，因为他们觉得自己应该受到他人的谴责。如果他们偶然间得到了表扬而不是批评，可能既拒绝接受那种表扬（要是他们知道我在这件事上做得多么糟糕，他们就不会夸我了）又否定表扬者（他只是假装喜欢我做的事情，拿我开玩笑）。

这些负面的想法加剧了羞耻感。它们告诉那些心怀这些想法的人，他们自己一直是可耻的、应当感到羞耻、无法逃避羞耻感，而且，将来总是觉得自己可耻。它们在告诉那些有羞耻感的人，他们和其他人是不同的。

羞耻的行为

感到羞耻的人会采取哪些行为来摆脱羞耻感？这种痛苦怎样才能得到减轻？这里将很好地探讨对羞耻感的消极响应。积极的响应，也就是那些可以将羞耻感转化为正能量的响应，将在第三部分中予以讨论。陷入羞耻的人的响应可能包括麻痹、精力衰退、逃避现实、回避、完美主义、苛责他人，以及暴怒。我们在这里逐一探讨。

麻痹。感到羞耻的人可能陷入麻痹，无力做任何事情。他也许想回击指责他的人，但头脑里想不出用什么话来回击。他也许想逃离，但无法运用足够的能量来逃避。他被困住了。他的麻痹强化了羞耻感，因为此刻的他，可能由于自己没能做到足够强大地支持自己而开始打击自己。

精力衰退。羞耻感削弱了人们的自我价值，因此，也从人们的身上吸走了精力。许多人在面临令人羞耻的批评和指责时开始慢慢地崩溃。他们觉得自己更加渺小、更加软弱、更加无力。他们精疲力尽了。

逃避现实。遭到羞辱的人通常十分渴望逃离，他觉得在当前的这种社交场合中手足无措、无法动弹。好比本章开头的例子中那位中年男人和 16 岁少女那样，大多数深陷羞耻感中的人试图回避别人。他们寻找私密的、安全的地方，也就是没人能看到他们耻辱的地方。感到被极度羞辱的人，可能变成宁愿独处的极为隐秘的人。

回避。这可能比简单地逃离更加微妙。有时候，人们会用精心设计的面具来掩盖他们真实的自我。他们经常笑对他人、总想取悦于人，并且表现得自信和自在。他们确信，如果别人看穿了他们掩盖在真实自我之上的面具，会鄙视他们，因此，感到羞耻的人会设法将他们自己的羞耻作为秘密加以保护。他们在情绪上冷漠。

完美主义。感到羞耻的人还可能认为，如果他从来没有犯过错误的话，便没有什么可感到羞耻的。于是，他变成了完美主义者。但他陷入了做人的陷阱之中。人总是会犯错误的，但对他来讲，只要犯了错误，便在宣扬他的耻辱。他无法承受做人的压力。他无法承受自己任何方面的不足。

苛责他人。遭到羞耻的人通常对其他所有人都求全责备。他们似乎急于指出身边的人的缺点，和本章开篇的例子中那个年长男人一样。这种行为，好比一位魔术师突然之间从某个观众的耳朵背后掏出了他的硬币。

魔术师装腔作势地念几句咒语，然后说：“我的硬币，现在送给你了。”

永远苛责他人的人也装腔作势念几句咒语，说道：“我把我的羞耻感给你了。”他不但让自己摆脱了那些不好的感觉，还真的以为，他比其他人确实更优秀。他可能需要这种优越感，以免被淹没在自卑感之中。

暴怒。这是对羞耻感的另一种响应。对抗耻辱的一种方式是抨击所谓的给我们带来羞耻感的人。怒不可遏的人可能变得对他人狂暴，有时候，即使是最轻微的，也可能侮辱他人的尊严。例如，他可能责骂忘了他叫什么名字的主持人，责怪妻子不该跟高中的老同学打招呼，仅仅因为“当权派”握有权力而痛斥他们，并且对孩子们大声嚷嚷，想让他们集中注意力。将暴怒与羞耻感结合起来的人，在言语或者身体上都虐待他人。他们通过攻击他人的个性，来防卫他们自己脆弱的身份感。

羞耻感：一场精神危机

羞耻感涉及整体做人的失败。倍感羞耻的人相信他不应当存活在这个世上。这并不是说他**做**错了什么事情（那是一种内疚感）。感到羞耻的人相信，他**本来就是**个错误。他就是耻辱，不仅仅是感到羞耻。

深陷羞耻感的人，在自己的内心深处遭遇了一场精神危机。他还有没有权力活在这个世上？他是不是某个致命的错误，其他任何人都不会犯那样的错误？甚至，上帝是不是抛弃了他？他是否不配得到别人的爱？当羞耻感最强烈时，许多人对这些问题中的每一个，都会回答“是”。羞耻感暂时剥夺了我们的人性。我们开始觉得自己是下等人，过着不完整的生活。我们失去了和他人融合交流的感觉。我们失去了与“至高存在者”的联系，因此，我们拒绝接受外部世界所有的安抚和慰藉。在我们的内心深处，我们可能感受到无比的孤独。

深感羞耻的人觉得自己一无是处：比他身边所有的人都更没有价值，什么都不是。他认为自己欠了他人的债，是他们生活中的一个问题。他也许希望他人容忍他，但他从不觉得他们会想着拥抱自己、欢迎自己。在感受到强烈的羞耻感的时刻，他可能觉得自己身上没有一丝有价值的东西。他可能想到了自杀。

与这种一无是处的感觉相伴随的是一种空虚的感觉。感到羞耻的人通常觉得内心被掏空了。他似乎“什么都不是”。他没有自己的身份感，戴着掩盖自己的羞耻感和空虚感的面具。在羞耻面前，他失去了自己的灵魂。

有时候，感到羞耻的人似乎极其傲慢。他们的表现好比过度膨胀的气球，浑身上下都充满着骄傲的气息，仿佛漂浮在地球上。但是，再怎么自我膨胀，也无法抵消羞耻给他们带来的伤害。这些人内心依然十分空虚。他们可能想方设法掩藏与深深的羞耻感伴随而来的空虚，但是，如果他们不能诚实地面对，这种空虚感依然存在。

小结

羞耻感有许多组成部分，首先，它是一种痛苦的感觉，浮现在脸上，遍布全身。然后，紧跟着、伴随着这些生理感觉出现的是一些不舒服的想法。感到羞耻的人可能麻痹了自己，无法采取行动。如果他可以，他常常会要么在身体上，要么在情绪上远离他人。陷入羞耻的人还遭受精神危机，他觉得自己不是一个完整的人，并且切断和他人的联系，也让自己与“至高存在者”隔绝开来。

练习

练习 1

将你对羞耻感的体验与本章开头的四个例子中的人们的羞耻感进行一番对比。在一张单独的纸上写下你的回答。

1. 有没有哪个人突然之间尖刻或者刻薄地回应你，让你觉得自己像是个坏人，即使你做的事情是清白无辜的？发生了什么事情？

2. 有没有哪个人让你觉得被出卖了或者感到难堪了？你是不是用逃避、愤怒或者两者兼而有之来响应他？发生了什么事情？然后，你对你自己是什么感觉？

3. 你是不是对自己十分苛刻，即使只是犯了一个微不足道的小错？发生了什么？你怎么骂自己？你怎样来确定你的自我价值？

4. 你是否曾发现自己对其他人求全责备，告诉你自己（并且也许告诉那个人），你这样的人比他或她要好得多？当你对自己感到不满意时，你是不是更经常地批评别人？你是不是注意到了，你批评别人的某些错误，恰好也是你自己的某些行为或想法？

练习 2

用一会儿的时间观察你在感到羞耻时的生理感觉。记下你觉得自己的人生更加渺小的时候，或者是你觉得被人审视、被人看穿或者暴露在他人面前的时候。让你自己记得你的内心产生了那些感觉的时候。在那一刻，你的双眼望向哪里？你的手放在什么地方？你的脸上有什么感觉？胃呢？你是觉得燥热还是觉得发冷？现在，深呼吸三次，在每次呼气的时候，让这些感觉从你的体内散发出来，仿佛它们被你吐到了地面上。描述一下你此时的感觉。

练习 3

当你感到羞耻时，它怎样影响你的自尊？把下面与你感到羞耻时相似的思考或想法的每一句描述记下来。

- 我觉得没有权利活下去。
- 我无能。
- 我什么地方犯了错。
- 我不配别人爱。
- 我是一个错误。
- 我没有归属感。
- 我就该被人抛弃。
- 我很丑。
- 我很脏。
- 我是别人的累赘。
- 我不重要。
- 我什么都不是。
- 我活该被人指责。
- 我是多余的。

- 我毫无价值。
- 我不光彩。
- 我不够好。
- 我蒙受了羞耻。
- 我不应该。

这些描述中的每一条，都让你更难融入这个世界，也让你更难在这个世界中发挥自己有益的作用。

现在，写下三件关于你的好事情。列举你知道对你来说是好事的事情，或者是别人（他可以更加客观地看待你）告诉你的关于你的好事情。记住，羞耻的感觉让我们对自己形成的痛苦想法和态度，**通常都不是真实的**。

第2章
好的羞耻感

“我永远忘不了那一天。我之前赢得过地区级和州级比赛，当时我以为自己是世界上最优秀的运动员。当我发现自己甚至都没有进入决赛时，觉得羞耻极了。但现在，我再度回想起来，几乎对我当时输掉了比赛感到高兴。那一天我吸取到的教训是，我得用毕生的精力去努力做一些事情。直到那一刻，我才想清楚了这些。

他感到再也不能承受无尽的羞耻了。他的妻子每天都说他在事业上失败，而且还是个糟糕的父亲。他甚至开始害怕回家。他觉得自己越来越像个失败者。最后他意识到他必须听一听那些令自己羞耻的话。他得直面婚姻生活中的问题，否则永远摆脱不了内心的这种极为讨厌的感觉。

她是一名工厂经理，工作出色。她的未来似乎很有保障。不幸的是，她的羞耻感开始持续萦绕在心头。似乎有人在对她说：“你知道，这并不是你这一生想做的事情。你没有完成你的学业，便是在放低你自己的身份。”

“以前，我一遇到心情不好的时候，总是大吃一顿。我远远地逃离那些感觉，尤其是羞耻感。现在我意识到，羞耻感是我的一部分。如今我不再逃避，而是花时间聆听我的身体在试图告诉我什么。和以前相比，我对羞耻感不那么害怕了。”

“好的羞耻感”这个短语听起来像是前后矛盾。我们可能这样问自己：这种本质上令人不舒服的感觉，有什么“好”可言呢？但我们需要认识到，只要我们不至于被羞耻感淹没，羞耻感依然有着极大的价值。体会了羞耻的人非常敏锐地察觉他自己是什么样的人，以及他本人与别人之间有着怎样的界限。卡尔·施奈德（Carl Schneider）在《羞耻、曝光和隐私》(*Shame, Exposure and Privacy*）一书中写道，没有羞耻，便不会有隐私或亲密感觉。羞耻感还可提升人性、谦逊、自主和能力。愤怒、悲伤、恐惧等这些痛苦的情绪告诉我们，我们人生中的某件事情错得太离谱了，并激励我们着手进行改变。同样的道理，一定的羞耻感也可能有益于我们。

过度的羞耻感是**不好的羞耻感**。过度的羞耻可能使某人陷入自我憎恨、绝望和认为自己一无是处的牢笼。它可能让人们相互驱赶对方，使得个人关系受到损害，或者导致一方被另一方抛弃。过度羞耻使得某人对自己说，**我太无能了，我绝不可能变得更好。我最好是放弃得了。**在这种情况下，这个人会陷入麻痹。

羞耻感不足，也是**不好的羞耻感**。羞耻感不足的人对自己是什么样的人并没有非常清晰的观察。他们还几乎不了解其他所有人对界限的需要。在这种情况下很难和别人建立亲密关系，因为亲密关系需要隐私和谦逊，对羞耻感不足的人来说，这两者是他们没有或缺少的。

相反，**好的羞耻感**是一种**短暂的**羞耻感，它告诉我们，我们与这个世界的关系出现了严重的问题。它告诉我们，我们与其他人之间的关系出现了裂痕，需要修复。好的羞耻感好比你拥有的一位真心朋友，他敢对你说你正将自己的生活弄得一团糟。有时，真心朋友不得不告诉你真相，即使真相对你们两人来说都是痛苦的。这样的朋友还会在你深陷麻烦时坚定不移和你在一起，以展现他的爱与尊重。他还向你显示他的勇气，并且和你一同直面问题和挑战，竭力不让它们变得无法解决。

我们产生羞耻感的同时，内心还会发出一些重要的信号，当我们不断提高倾听这些重要信号的能力，便是在建设性地运用我们的羞耻感。以下是这类重要信号中的一些。

- “你没有马上实现你的目标。你是不是可以做点别的事情，以便感觉更好一些？”
- “现在的你感到被别人看穿了，觉得很脆弱。你一定要让自己能信任这些人。”

- “你觉得你并不是足够好。你现在到底怎么了？”

这些是我们不应当忽视的宝贵的内心独白，但它们也是短暂的信号。好的羞耻感告诉我们，现在某件事情出了问题，需要我们审视自己的生活，也许还要改变我们的想法或行为。能够倾听自己的羞耻感并对其采取行动而不是逃避的人，最终将对自己感觉更好一些。这样的人好比和自己的羞耻感“交朋友”，其回报是逐渐变得更有自尊感。

好的羞耻感和自知

羞耻感是很好的老师。感到羞耻的人可以更多地了解自己和他人。例如，在第 1 章的例子中，那位被老板略加批评而备感羞愤的中年男人发现他开始怀疑自己有没有能力成为一位成功的商界人士。

感到羞耻的人是自知的。他知道自己的外表、举止、习惯和表达方式。即使他一边想着其他人会怎样看待他，但他也一边观察和评判着自己。好比在镜子前打扮数小时的少女，羞耻的人会仔细审视自己，看看自己有哪些缺点。他也许开始知道自己有许多缺点，不仅仅是相貌上的缺陷，更重要的是行为上的不当以及他和别人的关系中的不足。感到羞耻的人会利用这些观察来改变自己的言行。

羞耻是一种不舒服的感觉。这正是那些没有被羞耻感麻痹的人利用它来改变自身行为的原因。这些改变有的相对微小，如为了避免将来感到窘迫，身穿更得体的衣服参加社交活动。但是，羞耻感还让我们注意到一些严肃得多的事情。

- 羞耻地认识到自己入错了行的人必须面对更加苦涩的事实，这样他才可能在将来的职业生涯中获得成功。

- 感到精神空虚的人也许能将这种空虚转化成一种探索，探索新的和更深入内心的宗教体验。

我们在治疗实践中与人们合作时，注意到的一个主题是：**要让羞耻感有益，必须勇敢地面对**。被羞耻感吓坏了并且只想着避开这种感觉的人，除了从这种感觉中收获害怕和痛苦，再无任何收获。勇敢面对羞耻感的人会将不舒服的感觉转换成一种更丰富、更有意义的自知，知道自己是什么样的人，也知道自己在这个星球上做什么。

由于羞耻感不是仅仅关于我们的一两次行动，而是关于我们的完全失败的感觉，所以在应对羞耻的问题时，我们容易变得沮丧和悲观。因为羞耻感直抵人们的内心深处，因此很难改变。它可能极其顽固地存在。但是，羞耻感并不一定是一种永恒的状态。没有被羞耻感完全吓倒、反而十分细致地关注这种感觉的人，会在那种短暂的状态之中找到无比的价值。羞耻感既可以与希望同在，也可以与绝望同在。

好的羞耻感和个人关系

过度羞耻的人通常认为，他和别人建立关系的方式基本上是错误的。他认为人们应该不喜欢自己。他觉得自己在社交方面有缺陷。当他把自己和别人对比时，往往只注意到自己的弱点。他可能觉得自己不够聪明、不够英俊、不够有魅力，实际上并非如此。极度羞耻的人变得经常不断地意识到那些缺点。

但是，好的羞耻感是适度和短暂的。当大多数人在他们的至少一种个人关系中出现了问题时，将感受到这类羞耻。这种羞耻感可能是某个人意识到自己陷入麻烦时必需的。另外，好的羞耻感带来自知，而自知则会促进有效的个人关系。

羞耻感可以激发个人改变

令人羞耻的问题在范围上可大可小。当某个人过于频繁地围绕某件事情开玩笑，突然之间意识到自己可能让自己出了丑时，这也许不是一件什么大事。或者，这也有可能是一件大事。感到羞耻的人也许意识到自己总是通过自我出丑的行为而获得别人的注意。他的这种对自己的行为突然感到羞耻，是他希望改变的一个信号。这种短暂的羞耻可以帮助他最终用体面和自尊来面对这个世界。

在我们与他人的关系之中，总是存在着感到羞耻的可能性。那种羞耻的感觉也许告诉某个人要从某种个人关系中抽身出来，因为要让他理解到底什么出了错，得花足够长的时间。羞耻的经历可能迫使某个人怀疑，维系某种个人关系到底有什么价值。例如，如果一位女性几乎每次遇到另一个人时都感到十分羞耻，那她可能意识到，这种关系从根本上是有缺陷的。以羞耻为中心建立的关系并不健康。这些关系无法转变成双方相互给予对方尊重和体面的良好的个人关系。

令人羞耻的模式可以被纠正

有时候，大多数个人关系滑入到令人羞耻的模式。某个人痛骂自己的伴侣，另一个人直截了当地假装没有听到。其中一人或者两人同时体验到羞耻感，可以作为一个明确的信号，表明这种关系已经受到损害。发出这种信号的最简单形式是："刚刚发生的事情触起了我的羞耻感。让我们暂时先停下来，以免相互伤害得更深。"

羞耻感带有一种紧迫的感觉。感到羞耻的个人将有强烈的动机去做某件事，以便感觉好一些。当个人关系中的两个人都密切关注对方的痛苦时，从长远来看，两人都对羞耻感十分敏感的那种关系，将得到改善。

羞耻感可能是矛盾的。起初，备感羞耻的人通常想要回避其他人。但到最后，同样是这个人，却在寻求与他人建立关系。他觉得自己跟别人脱了节，却希望以某种方式回到亲人和朋友温暖的怀抱中。好的羞耻感将引领那些被遗弃的人回归社会。

好的羞耻感作为生活的指南

对大多数人来讲，羞耻感是强大但可以控制的体验。但是，人们感受到的羞耻，远远超过了能够承受的地步。适度的羞耻感有助于人们发现（并重新发现）关于人生的重要事实。

这些重要事实中，有四条是关于人性、谦逊、自主和能力的原则。

- **人性的原则**：每个人都属于人类——没有哪个人完全愧为人类和理应成为下等人，或者是不同于其他任何人的神。
- **谦逊的原则**：没有人天生比其他任何人更好或更差。
- **自主的原则**：每个人都对他或她自己的行为有一些控制权，但对他人的行为几乎没有控制权。
- **能力的原则**：每个人都可以争取做到"足够好"，不必追求完美或者成为令自己感到羞耻的失败。

这些将在本书后面的内容里做出更详细的描述。现在，我们只想强调，

羞耻感也可能有着巨大的价值。如果有的人做每件事情都很成功，他可以从他基本的人性中发现些什么呢？如果有的人从来没有体验过困窘的滋味，他可以接受什么样的人类条件的限制呢？羞耻感持续不断地打击自我，防止人类变得过度骄傲和傲慢，以至于和他人失去联系。

好的羞耻感与幽默感如影随形

如果我们可以嘲笑自己，便能从羞耻感中获益。当一个普通人要么将自己视为上帝给予人类这个物种最伟大的礼物，要么将自己视为从泥土中钻出来的出身最卑微的小虫，我们能不能察觉其中的讽刺意味？

这里有一个例子，它证实了羞耻感在我们生活中的价值。几年前的一天，在大学教书的罗恩受邀参加一次“重要”会议。那天早晨，他穿上了自己最好的西装，前往大学校园。踏上通往会议室的台阶，他充满了“我很重要”的感觉，浑身上下都透露出这种虚假的自豪感，在上楼梯的时候一路小跑着，心里希望自己一进到会议室，所有人都注意到自己。他高昂着头，以体现着自己的这种优越感。也许正因为这样，他最终在楼梯上绊倒了，结结实实地摔在地板上。

罗恩爬起来，再度向会议室走去，此刻却在想着，**我希望此刻没有人注意到我！**多么鲜明的对比。就在几分钟前，他还希望所有人都关注自己。现在，他迫切希望自己不被人看见。他那突然产生的羞耻感，让他觉得自己**暂时**是地球上最大的笨蛋。

没有幽默感的话，这种“从荣耀中跌落”的情形可能是灾难性的。深深感到羞耻的人也许在想，这个偶然的事件证明，他真的就是一个蠢货，活该在公众场合如此出丑。但罗恩却认为，从这件事情中透露出的信号是：他既不像自己期望的那么好，也不像自己跌倒后感到困窘时想到的那么糟糕。他就是一个普通的人。

小结

我们全都面临过这样或者那样的羞耻感。羞耻感既不会总是好的，也不会始终不好，重要的是我们怎样来应对。当我们认识、接受了羞耻感，并且用它来观察我们与自己和与他人之间的关系，这是一种有益的感觉。适度的羞耻感可以促进自知，也能提升我们对个人关系的认识。它可以作为指引我们向着有意义的、丰富多彩的生活前进的指南。

适度的羞耻感是我们作为一个有益于社会的成员所必需的。当我们感受到少量的或者适度的羞耻感，不至于让自己被绝望所淹没时，羞耻感最为有益。我们应当拥抱而不是逃避，欢迎而不是害怕好的羞耻感。我们需要学会如何跟这样的羞耻感“交朋友”。

不幸的是，在羞耻感这个领域，许多事情可能变得糟糕。让人难以抵挡的羞耻感可能给个人造成几乎难以弥补的损害；而对任何事情都缺乏羞耻心，则会让个人感受不到人类的温暖。这些问题，将在以后的章节中进行探讨。

练习

练习 1

罗恩跌倒在台阶上时，他一下子明白自己只是个普通人，并不是世界上最重要的人。他还明白，为了正确地看待他的行为，他需要些许幽默感。你有没有过类似的经历，它帮助你意识到你既不会比任何人好在哪里，也不会比任何人差在哪里？把这些经历写下来。

练习 2

苏珊和格雷格争辩。苏珊没有公平对待格雷格，而是想羞辱他，让他照自己的想法去做，并告诉他说，在那件事情上有自己的想法和主意，是“愚蠢”和“自私”的。后来，苏珊对自己辱骂并企图操纵格雷格的行为感到万分羞耻。这种“好的羞耻感”帮助苏珊意识到，她得改变自己的行为。你有没有由于辱骂或者打击他人而感到羞耻？这种行为，让你对自己产生了什么样的感觉？你能怎样运用好的羞耻感来改变你的行为？把你的经历写下来。

练习 3

鲍勃匆匆忙忙地给他的简易房刷漆。他只想快点做完，以便了结一桩事。但他后来再看时，发现漆刷得不均匀。此外，在许多地方的红色边缘上，他不小心溅上了白色的涂料，并且还用红色的油漆弄脏了窗户和球形门把手。因此，做完了这件事情，他并没有感到松一口气，而是觉得做得太差了，感到很羞耻。他仓促间完成的工作并没有做得足够好——没有达到他的标准。

他运用自己的羞耻感来激励自己，甚至再涂一遍油漆、修复边缘上弄脏了的地方，并且清洗了窗户和球形门把手。做完这些，他觉得总算把这件任务完成了，感到很高兴。你有没有过类似的体验来从羞耻感中获益？把这种体验写下来。

第3章

过度的羞耻：以羞耻为中心的人

一位30岁的女性在最近五年里更换过三位咨询师。每次，她的抱怨都一样，“不论我做什么，不论我读了什么或者和什么人讲话，我就是觉得自己完全毫无价值。我确定，因为我没有任何优秀的品格，一定没有人喜欢过我。我觉得自己的人生就是一个完全的失败。我恨我自己。”

一位中年男人几乎没有自己的身份感。他试图讨好自己遇到的每一个人，以变成他们想让他变成的模样。他兴高采烈地戴着一副假面具，如果把这个面具摘下来，他都不知道会发生什么。他想，如果人们透过这副面具来看穿他，将会发现他其实一文不值或者令人讨厌。他们也许再也不会跟他说话了。

慢性的、无情的羞耻感是灾难性的。这种羞耻感不同于上一章描述过的正常和健康的羞耻感。以羞耻为中心的人已经变得深深陷入他们的羞耻感之中。不但如此，像这样感到自己一文不值、缺点无数和已然绝望等感觉的人，已经彻底怀疑他们作为人类的有效性。他们毫不怜悯地评判他们自己，通常绝望地企图抵挡他们的羞辱感，以表现完美。

为什么有些人以羞耻为中心呢？最诚实的回答是：没有人知道到底是什么引诱这些人陷入羞耻感的泥潭。没错，许多人在成长的过程中见惯了家庭中的羞辱、个人攻击、威胁（遗弃某人）等事件。另一些人发现他们自己长大后，与配偶或老板之间形成了令人羞耻的关系，慢慢地失去了他们的自尊。不论这种羞耻感是由来已久的还是即刻产生的，以羞耻为中心的人已经学会了反复羞辱自己。这种人通常相信别人看不起他。不过，关键在于他比其他任何人都更加看不起自己。

我们将在本书后面的内容中探索羞耻感的众多来源。本章的目的是描述以羞耻为中心的人的行为与想法。我们还将解释了这些人为求生存而运用的几种机制。

以羞耻为中心的人的世界

以羞耻为中心的人觉得自己内心深处永远都有缺陷。他“知道”他和其他人不一样。他“知道”他是不同的。他“知道”自己已经坏到无药可救的地步。他“知道”自己不是一个完整的人。他“知道”别人绝不允许他加入他们的行列，从而在充满爱、尊重和自豪的世界中生活。

这种人陷在羞耻感中无法自拔。他不是把羞耻感理解成一种短暂的状态，理解成有助于人们学习和成长的东西，而是认为羞耻是一种不可逆转的、永无止境的状态。他相信他的人生命运就是蒙受羞辱，因为他本质上有缺陷。

以羞耻为中心的人对自己和这个世界形成了一种错误观念，以为世界上只有好人或坏人，事实真相非黑即白，世间万事万物都有着绝对的确定性。他认为，在这个痛苦的世界中，他的命运是确定的。他觉得自己伴随羞耻而生，也会带着羞耻而死。为了逃避羞耻感，他可能时常在内心挣扎。他也许热切期盼一种体面和有价值的感觉。但是，深深陷入羞耻感的人经常发现，自己不可能长久地生活在没有羞耻感的世界里。他的羞耻感总是毫不留情地将他召唤回去，并且要求他对这种感觉“宣誓效忠”。

粉碎这种你必须生活在持久的羞耻感中的错误观念

我们之所以称这种情形为错误观念，因为世界上没有人必须永远生活在羞耻感之中。这个世界对每一个人来说都有足够的生存空间，并不存在所谓的下等人。关于羞耻感，甚至是过度的羞耻感，好的一面在于人们可以学会带着它生活下去，并且在这个过程中逐渐在精神上变得更加富有。但是，以羞耻为中心的人必须学会怎样质疑他的信念，这种信念认为他天生一无用处。以羞耻为中心的人已经习惯了从耻辱的视角来解释生活中发生的事情。他们需要探索怎样从不太有威胁的视角来看待这个世界。他们需要质疑和摒弃自己的错误观念，那种观念认为他们注定生来就要感到羞耻。例如，在本章开头介绍的那位女性需要接受她的积极的性格特点，而那位事实上毫无身份感的男性则需要寻找勇气来摘下自己的面具，以便找到他真正的自我。

我们往往怎样看待我们自己

以羞耻为中心的人对他们自己极其苛刻。他们总是找一些事来批评自己的外表、行为或者个性。他们为自己确立了很高的标准，甚至高到了永远不可能接近这一标准的地步。当他们不可避免地失败时（**对其他人来说，有三门课的成绩为A，一门课的成绩为B，已经足够了，但对我来说，那将证明我失败了**），他们会用各种各样可怕的词语来骂自己。

以羞耻为中心的人还有着高度的自知。他们对批评超级敏感，总是对丢脸的可能性保持警惕。他们预料别人会评判他们，因为他们花了太多精力来谴责自己。由于他们只关注别人提到的他们身上的那些不足，所以，他们通常对一些正式的程序感到害怕，如工作单位的年度绩效评估等。当他们听到别人既有表扬、也有批评的评价时，不会把这看成是一种平衡，而是只听到其中的批评。他们认为那些批评是应该的，但对于表扬，不论别人表扬他们什么，他们都觉得是假的或者误导的。他们经常拿自己和朋友、伙伴和同事进行对比；他们常常只注意到他们在哪些方面不足，不会注意到他们在哪些方面和别人一样好。

以羞耻为中心的人可能无意中寻找那些确认其羞耻感的关系。认为自己基本上毫无用处的人容易沦为另一些人的受害者，后者通过攻击他人来获得自己的自我价值感。以羞耻为中心的人也许这样问自己：**我知道我爱人对我很刻薄，但还有什么人想要我呢？**他们内心过度的羞耻感让他们在自己最为重要的关系中感到被羞辱。

几乎没有哪个人遭受我们在这里描述的所有痛苦。对大多数人来讲，即使是内心充满过度羞耻感，也可能体会过尊严和体面。另外，几乎没有哪个人感受如此深的羞耻感，以至于到了对自己从来都没有良好感觉的地步。除此之外，许多人在一般情况下能够很好地应对他们的羞耻感，但也可能经历过被羞耻感淹没的时候。在那些时候，他们可能感受到了我们已经描述过的羞耻感的影响，但最终还是回归了更加积极的状态。

尽管如此，依然有许多人从以羞耻为中心的视角来回应这个世界。这意味着他们预料到自己将被羞辱，寻找那些确认这种预料的令人羞耻的经历，并且经常用过多的批评来羞辱自己。他们生活在羞耻的世界里。

羞耻螺旋

正确的以**波涛**形态袭来的羞耻感可能十分强大，但它们持续的时间有限。某人可能感到羞耻、觉得精力丧失、也许暂时地回避他人。但这样的人通常可以迅速恢复正常，甚至还可以从他的痛苦中学会新的方法，来重建他自己和别人之间的联系。

羞耻感需要立即予以关注。这方面的一个原因是，羞耻感的**波涛**形态可以轻松地转变成**螺旋**形态。这些螺旋好比越转越快的漩涡。它们可能持续数月之久，在此期间，深陷羞耻的人会痛苦地回顾他的羞耻，并对自己的感觉越来越差。

在典型的"羞耻螺旋"之中，某人可能开始意识到自己的某个缺点。这样的缺点可能是微不足道的小事，比如忘记打个电话。也可能令人突然感到难堪，从而产生羞耻的想法和感觉。这是即刻的羞耻感。他也许回避该局面，以便重新冷静下来。到此刻为止，这是完全正常的。如果他花时间来面对自己的羞耻感并采取积极的措施来应对，一切都会很好。

但是，如果他以羞耻为中心，这一刻就可能产生严重的问题。当前的羞耻感可以触发对过去的羞耻之事的回忆。那正是人们难以只感到“一丝丝”羞耻的原因。一旦某个人开始感到羞耻，这种感觉可能马上变得极为痛苦。随着他开始回忆起自己在另一些事情上也感到羞耻的时刻，“羞耻螺旋”开始加速转动。他开始被不舒服的和令人害怕的想法包围。

但现在，他可能怀疑自己作为人类的价值。他的羞耻感似乎永远存在。他欣赏自己的健康的自豪感与自尊感的能力也变弱了。

这表明他需要从可能加剧羞耻感的局面中退出来。例如，有人说过一些令某个人感到烦恼的话，后者起初老是躲避说过这些话的人，也不去他工作的地方。这个感到羞耻的人变得更加警觉，需要小心翼翼地防止将他的羞耻暴露在别人面前。

当某个人对自己被羞辱的事情感到羞耻时，“羞耻螺旋”会继续旋转。他心想，**如果我只是半个人，可能不必产生类似这种感觉。**但现在，他无法忍受面对任何人的想法了。他已经陷入孤独，并将他自己从身体上、情绪上和精神上孤立起来。

深陷羞耻感的人的生存之策

许多人可以忍受正常的、短暂的羞耻感。那种羞耻感也一定让人受伤，但伤害最终将消散。好的羞耻感发出了我们需要听到的信号。但是，对产生了过度羞耻感的人来说，不论他做什么，羞耻感似乎永远也挥之不去。如果他时刻都在倾听自己内心的感觉，可能很想去采取孤注一掷的行动，或者只是在绝望中放弃。这种极端的羞耻感通常看起来太过痛苦，难以忍受。

人们会采用好几种方法来扭曲羞耻的感觉。压制羞耻感的人甚至都不知道他是在让自己防御羞耻的感觉。他可能压根没把羞耻感当成一个问题。

防御羞耻也许有助于人们应对自我憎恨和痛苦，但从长期看，并不能治愈羞耻。没有人能够通过忽视羞耻感的存在而从这种感觉中受益。防御羞耻仅仅只是生存之策；运用这些策略的以羞耻为中心的人不可能懂得，自己是值得爱与尊重的宝贵的人。

否认

第一种防御策略是**否认**。否认羞耻感的人依然不知道他的羞耻。他自欺欺人地相信自己并没有感到羞耻，但实际上，在那一刻，假如他完全清楚自己的内心发生了什么的话，将体验到巨大的羞耻。他很想相信他完全可以接受自己和他人，因此，无论是什么事情触发他的羞耻，他都选择无视。

以羞耻为中心的人通常生活在表象的世界。他会不顾一切地保护自己作为好人的形象，即使那意味着忽视现实。例如，许多酗酒者否认他们存在酗酒问题。若他们承认自己无法控制饮酒，将感到巨大的羞耻。他们认为，在酒瓶子面前无力控制自己行为的人，不管是谁，一定出了什么问题。他们不能理解，酗酒者怎么可能同时也是个好人。他们相信：**酗酒者就是毫无是处的无赖。我不是那样的人。如果我经常喝醉，我会恨我自己。我不可能是个酗酒者。**他们对无法抵挡的羞耻感十分害怕，害怕到无视自己已经酗酒成性的证据。这些人不能面对他们的羞耻感，因此，他们让自己相信，他们喝醉酒不是问题。

否认羞耻感并不仅限于酗酒者。毕竟，羞耻感威胁着一个人的核心身份感。有人可能“忘记”他认为可耻的性行为或者性渴望。另一个人则认为，他的母亲口吃或者儿子智力迟钝等事实都令人羞耻，因为他感觉这些都是缺陷。还有人否认他正在掉头发的这个看似微不足道的事实，或者拒绝承认他跑得不如以前那么快了，因为对他来说，变老是一个令人羞愧的过程。不论带给某人羞耻感的事情是什么，他都可以用否认来加以防御。我们否认我们不敢看的事实。

一味地否认会给自己造成伤害。我们可以无视现实，但并不意味着可以让现实走开。酗酒者坚持认为自己喝醉没有问题，也许会因为患病而死亡。那位觉得自己的母亲口吃是件丢脸的事情的女性，可能永远地断绝了她母亲的爱。那个感到变老令自己羞耻不已的男人，可能无法正确地看待他自己是什么人。倘若这些人面对现实，他们可以颇为受益，但当他们知道自己也可以在羞耻感中生存下去的话，他们只能那样无视现实，从而一直让羞耻感伴随自己。

回避

另一种防御羞耻感的生存之策是**回避**。有些人在他们被羞耻感触动的时候回避，而他们与别人之间的接触，对他们来说十分痛苦，痛苦到了无法应对的地步。当人们感到自己暴露无遗和脆弱无助时，逃避是正常的反应。

例如，老师给一位高中生布置学习任务，让他在全班同学面前发表一番演讲。不幸的是，他刚一站上讲台，就表现得很差，结结巴巴、无法集中注意力。同学们嘲笑他。此刻，他能想到的是尽可能马上逃离。丢脸的感觉已经让他无法抵挡了，他想尽快离开教室。他觉得完全失败了。他告诉自己，再也不会在大庭广众之下做任何事情了。即使成年以后，面对涉及在公开场合演讲的机会，他可能依然躲得远远的。如果不得不对一群人讲话，他也许仍讲不好，因为他已经让自己确信，在很多人面前讲话，只会让自己出丑。

他学会了将羞耻感与躲开联系起来。

回避是对羞耻感的一种常见反应。还记得吧，我们对羞耻感的最开始的生理反应是避开眼神交流、看着地面或者旁边。感到羞耻的人或多或少地对他的同伴表达这样的意思：**现在我对自己的感觉很不好，我不能看着你的眼睛。我不能和你紧挨着，因为那只会加深我的羞耻感。**陷入羞耻中的人已经觉得自己在世人面前暴露无遗，肯定不希望别人盯着他看。他相信，至少是暂时相信，每个人都可以直接窥探他的灵魂深处，看到他的无能和不好。

陷入羞耻中的人还以别的方式回避。也许他们逃开令人不舒服的话题，或者在情绪上不和别人站在一起。有些人想尽办法降低自己的被关注度。他们一直在那里，但总是不被人关注。这方面的一个例子是某个隐身在幕后的才华出众的人，他由于害怕在世人面前曝光，而把自己的成就归功于别人。

以羞耻为中心的人可能陷入这种回避他人的情形之中。为了跟他人保持距离，他可以做任何事情，仿佛自己已经被他人羞辱了。有的人对自己没有好感，他们觉得，和别人进行直接的、有意义的或者亲密的交流，是十分危险的。他们保护自己，避免遭到他人的评判，并因而被羞辱。

暴怒

当某人感到深深的羞耻却又无法回避那种受威胁的场面时，会发生什么？另一种防御羞耻的生存之策，也就是**暴怒**，是这类局面下一种可能的回应。暴怒之下的人仿佛在大吼着发出警告：**别靠近我！你已经十分接近让我羞耻了，我不想让任何人看到我的羞耻。离我远点，否则我要攻击了。**盛怒之中的人极其渴望和他人保持足够的距离，以便他们不可能伤害到他。

当人们的身份认同感遭到其他人出其不意的攻击时，最容易一下子勃然大怒。例如，假如某人的一位朋友不客气地告诉他，说他的衣服买得太便宜，而且还大声说他不可能约到某位女性。那位朋友也许在开玩笑，并非有意伤害他，但他却受到伤害了。“你是什么意思？我不可能跟她约会？我确定，我比你看起来好太多了，至少，我不会像你那样一瘸一拐地走路。”这位感到羞耻的人士只能想到以残忍攻击他人的方式来为自己防御。

暴怒能够发挥它的作用。它把别人赶开了，因而保护了羞耻者内心的羞耻不被人发现。有时，甚至可以说它的作用发挥得太好了。那些盛怒之下、对感知到的侮辱过度敏感的人，只要一出现，人们便开始对他们避让三分。主动避让的人可能说：“我本想和玛丽交朋友，但不论什么时候，只要我们一开始接触，她总是找到一些事情来生气。然后她就无缘无故指责我。”

暴怒之下的人采用极大打击他人自尊的方式来防御无法抵挡的羞耻感。当他人变得胆战心惊，以至于不敢和他接近时，他也许更加感觉到自己的缺陷。暴怒切断了人与人之间的联系，因此加剧了原本就感到羞耻的人的羞耻感。长期大发脾气的人开始深深陷入他们自己一手造成的孤独世界。

人们也许偶尔回应一下暴怒的人，尤其是他们突然之间、意想不到地感到尴尬的时候。但感到过度羞耻的人也许更加频繁地发泄他们的怒火。他们经常的发泄，掩盖了更深的羞耻感。他们对别人的攻击，将别人的注意力从他们的无能的感觉上转移出去。

完美主义

对羞耻感的另一种防御是**完美主义**。完美主义者害怕犯错，因为他觉得，犯错将证明他在做人的某些方面出现了根本的问题。如果他没有做好某件事，他就认为自己**完全**失败了。

为羞耻感采取防御的完美主义者似乎只认识到两种为人处世的状态：羞耻的或者完美的。这种人拼命地反对人性，因为他认为，接受人性就等同于失败。但我们全都是普通人，我们的力量、智力、创造力和智慧等，都有一定的局限范围，但我们会尽自己最大的努力去做事情。我们表现不够完美，并没有什么可感到羞耻的，因为我们全都在这件事上没有选择的余地。

完美主义者可能并不是特别傲慢自大。当他企图不犯任何错误时，他真的并非想要扮演上帝的角色，他只是在试图将羞耻感控制得稍稍久一点。对于做到完美，向世界和自己证明自己的能干，他感受到了巨大的压力。他不断地意识到羞耻的可能性，于是说服自己相信，其他人正在寻找他的不完美之处，当他们发现了他的不完美时，会据此判断他一无是处。

你可以看到，完美主义者陷入了一种只输不赢的境地。不论他多么能干，也不管他的表现有多好，取得了多大的成功，他从来都不觉得自己已经走出了羞耻。他也许通过比其他任何人更努力或者更长时间地工作，暂时推迟了羞耻的感觉，但不可能很长时间觉得舒服，因为他不知道如何来认定自己是一个有缺陷的好人。

一般来讲，感到羞耻的人认为，自己比其他人更渺小或者更低级。这种蔑视之下的词汇，描述了羞耻是一种怎样的感觉。但是，如果以羞耻为中心的人可以让自己相信，事实与他以为的完全相反，也就是说，他真的胜过其他任何人，比他们都优秀，又会如何？他可能会滋生傲慢，这是另一种防御羞耻的生存之策。

傲慢

傲慢可以分为两种情形：自大或蔑视。**自大**是某个人夸大他的自我价值，认为他比别人更好的情形。**蔑视**是某个人贬低别人，使得那个人看起来比他本人更渺小的情形。

你可以运用下面这种想象来设想自大和蔑视之间的区别。想象两个人是两个被吹得同样大的气球；接着再设想把其中一个气球继续吹大，让它充盈大量的热空气，随时可能爆裂：这就是自大。自大的人用自负和虚荣来填满自己的内心，从而将他的羞耻感藏起来，不让自己和其他人看到。他必须感到比其他人优越，才能掩盖他那根本的羞耻感。他自欺欺人地以为，他天生比世界上所有人都优秀。

现在想象放掉另一个气球的气，这就是蔑视。心怀蔑视的人会想方设法打击他人，让他们觉得软弱、无能和可耻。这种人通过将羞耻感转到别人身上，从而为自己的羞耻设防。当他将其他人贬低到一无是处时，便对自己感觉好一些了。

有些以羞耻为中心的人习惯了自大；另一些人则惯于蔑视他人。许多人运用两种傲慢的形式来保护他们自己，不让自己感受到发自内心深处的羞耻感。傲慢的人将自己的位置拔高，以便没人能发觉他的羞耻感，甚至自己也发现不了。他付出的代价是不和他人联系。高高在上的人不可能感受到和其他人亲密相处的温馨。傲慢狂妄的人将他自己和所有那些将会或者可能会爱他的人隔离开来。没错，他避免了比别人更差的那种感觉，因为他把不如别人的感觉换成了比别人优越的感觉。但是，他没能触及自己痛苦的核心——他的羞耻感。

出风头

最后一种生存之策是**出风头**。这似乎是矛盾的，因为这样一来，感到羞耻的人不是隐藏自己，反而让别人关注自己。喜欢出风头的人似乎在说，**看吧，如果你想看的话，就看看我吧。我没有什么可隐藏的。**这种人可能肆无忌惮地表现自己，炫耀他的性特征、服饰或者行为。

爱出风头的人展示他真正想隐瞒的东西。例如，许多人在孩提时代曾是性虐待的受害者，长大以后感到深深的羞耻。不过，他们中的有些人发现，当他们穿上一些极具诱惑的衣服，或者进行无数次的性接触时，他们感到自己的控制感稍稍强一些，痛苦感觉稍稍减轻一些。他们将自己的困窘和丢脸转变成公开的炫耀，以便自己在早期的羞耻经历中生存下来。

出风头是一种格外有害的对羞耻感的防御。每次爱出风头的人炫耀自己，便使自己与那些被他的行为所冒犯或感到震惊的人离得更远了。他曾采用炫耀来压制自己羞耻感，这种经历只会让他更羞耻。爱出风头的人最终会变得孤立、孤单、成为他人嘲讽或可怜的对象，而且再度感到羞耻。

经常与过度羞耻相联系的严重问题

我们将简要地介绍让许多深感羞耻的人陷入麻烦的一些严重问题。以下这个小节中提到的任何一个复杂问题，并不存在简单的解决办法。不过你可以关注过度的羞耻感如何导致这些问题的产生来帮助自己。

羞耻感和害怕被抛弃

害怕被抛弃是深感羞耻的人内心深处的想法。对那些认为自己基本上一无是处和不被人爱的人来说，被人抛弃似乎是极有可能发生的事情。在这个世界上，有这么多人比他更好，为什么别人要对他不离不弃呢？过度的羞耻感妨碍了他认为自己足够好、值得别人珍视。

“你想让我变成什么人，我就变成什么人”

感到羞耻的人害怕被别人抛弃，可能会竭力取悦他人，于是，别人希望他们是什么样子，他们就变成什么样子。他们的理由很明确：**我确定，如果他们发现了真实的我，他们会讨厌我。我必须让他们感到自豪，以此让他们高兴。那是让他们不抛弃我的唯一办法。**

这些人花了太多的时间来响应别人。他们的自我价值取决于他们从外人那里获得的对自己的表扬与批评。

自我忽视、自我虐待和自我破坏

埃德·拉姆齐（Ed Ramsey）围绕“需要与自我和解”的主题出版过书，他注意到，羞耻感常常与自我忽视、自我虐待和自我破坏相关联。**自我忽略**是指某个感到羞耻的人忽略他自身的需要，比如，尽管患了严重的疾病也不去看医生、拒绝平衡饮食、不顾自己的外表美丑，等等。每一种这些行为都表现了一种消极的自我憎恨。

自我虐待是一种更加主动的羞耻的结果。在这里，深感羞耻的人想办法伤害自己。有些与羞耻感相关联的上瘾行为的确无异于慢性自杀，比如那些饿死自己的厌食症患者，或者不顾自己的肝脏损伤继续饮酒的酗酒者。另一些例子包括咒骂自己，以及明明知道对方是骗子，却仍然和他们建立起伤害自己的关系。

自我破坏是另一种伤害自己的方式。当某人“忘了”及时参加某个有望提升工作能力的项目，或者故意拒绝服用医生开具的用于缓解抑郁症的药物时，他便在破坏他自己。由于他认为自己不值得拥有任何积极的东西，因而破坏自己的成功与幸福的机会。某人在某个方面感到失败，可能将这种羞耻感植根于内心。这个人选择继续让自己羞耻，让自己不能成功，部分的原因至少是他对自己感到愤怒，从而不给自己留下更加胜任或者取得成就的空间。

羞辱他人的渴望

羞耻感是一种威胁，威胁到一个人基本的存在感。感到羞耻的人觉得自己渺小、软弱、容易受攻击、容易暴露在他人面前。他也许对自己十分愤怒，因为他觉得自己不可接受。他也可能发现这种自我憎恨无法持久。约翰·布拉德肖（John Bradshaw）在《治愈束缚你的羞耻感》（*Healing The Shame That Binds You*）一书中写道：有时，为了生存，感到羞耻的人将对自己的憎恨转移到别人身上，用鄙夷和蔑视的眼光来看他们。

感到羞耻难当的人可能会攻击和羞辱什么人呢？太多的时候，他攻击和羞辱的对象是他的家人，他觉得自己有最大的权力伤害他们。他经常批评他们，从不表扬他们；他从口头上，有时甚至身体上侮辱他们，不允许他们拥有任何的成功或幸福。他越是爱他的家人，就越需要把他们贬低得什么都不是，以便他们不可能和他做同样的事情。他为了避免自己的羞耻感而羞辱他们。

欲罢不能的 / 深深上瘾的行为

羞耻感和上瘾好比一对天生的伙伴。某个人越是陷入长期的羞耻感之中，就越有可能对那些看起来可以释放内心痛苦与空虚的事情欲罢不能。答案必定不在他的身上，而在于酒精、神秘的宗教运动、日用消费品、性、食物、工作、最新的治疗方法、一时的狂热等事物的“神奇”之中。他试图填补（哪怕只是一部分）

由羞耻感制造的空白。他就是无法忍受内心的痛苦或空虚。

我们想提出一条警告。羞耻感一定会加深和保持瘾性。不过我们认为，这只是一个非常复杂过程的某个方面而已，这个过程包括生理渴望、遗传倾向、社会期望和个性特点。我们很想着重专注于问题的一个组成要素，即羞耻感，但我们也要避免将事情过于简单化。单是羞耻感，并不会导致上瘾，而上瘾却会引发羞耻感。两者之间的任何一个，都对另一个有促进作用。深深陷入羞耻感的人，有着极高的风险变得上瘾，而上瘾的人经常随着瘾性的加深而越发感到羞耻。

性羞耻

羞耻和性是紧密相连的。不论人们什么时候产生羞耻，通常都会减弱性兴趣和性兴奋。它通常与性冲动的作用是相同的。感到羞耻的人在面对那种羞耻心时，常常会退出某一可能的性行为。不过有时候，由于产生了性羞耻的人试图减小他们对自己的不好感觉，可能反而变得冲动。相比之下，有着积极的性认同的人在性生活中感到自豪、自尊、尊严和荣耀。

现在或以前曾遭受过性虐待的儿童和成年人，格外容易受到性羞耻感觉的影响。我们强烈鼓励这些人去寻求自助支持团队和专业咨询师的帮助。每个人都有权对他们的性产生良好感觉。

小结

在本章中，我们研究了四个主题：①过度羞耻感的特点；②“羞耻螺旋”；③防御与长期羞耻感伴随而来的无情的不好感觉的生存之策；④和过度羞耻感相关联的一些问题。

我们使用**以羞耻为中心的人**这个术语来描述那些长期生活在羞耻感中的人。那些知道他们的羞耻、以羞耻为中心的个人以为他们比其他人差很多。他们认为自己从根本上有缺陷，存在着深深的不足，在现实中一无用处，不是一个完整的人。这些人陷入了不健康的羞耻感之中。他们在“羞耻螺旋”之中特别容易被孤立，以至于将自己与其他人隔绝起来。

深感羞耻的人通常采用一些防御策略来回避羞耻感。这些防御策略有六种，分别是否认、回避、暴怒、完美主义、傲慢和出风头。当这些防御策略管用时，感到羞耻的人就让自己相信，他并没有什么事情感到羞耻的。不过，他会发现自己既脱离了现实，也脱离了人与人之间的亲密。那些暂时回避了的羞耻感依然埋在内心深处，吞噬着自我价值感。为了治愈这种羞耻感，以羞耻为中心的人需要鼓起勇气来放下他的防御，以便直接面对。

过度的羞耻感涉及几个问题，包括害怕被抛弃和认为自己什么都不是的感觉；过于从众；自我忽视、自我虐待和自我破坏；羞辱他人的模式；欲罢不能的 / 深深上瘾的行为；以及性羞耻。

练习

练习 1

以羞耻为中心的人通常采用负面的方式来体验人生。他对自己在这个世界上的地位感到难为情、紧张和害怕。以下这些表述是长期陷于羞耻感的人常常会表达的，注意辨别哪些是你常有的体验。

- 我常常担心我的外表。
- 我十分担心其他人对我的想法。
- 我在说出真实的想法时，通常会在说过之后感到窘迫。

- 和别人在一起时，我感到难为情。
- 我难以应对别人的批评。
- 我害怕在别人面前时被羞辱。
- 我料想别人会看到我的缺点。
- 我每天都观察到自己的不足和错误。
- 当别人表扬我时，我很难相信他们是真心的。
- 和我认识的其他人相比，我觉得我不如他们优秀。
- 我对其他人在我家的行为方式感到羞耻。
- 有时候我感到羞耻，甚至不知道为什么。
- 我担心我会做错事情。
- 我害怕被别人评价，即使我知道自己干得好。
- 只要一接近那些表现得很愚蠢的人，我就感到羞耻。

练习 2

变色龙是一种类蜥蜴爬行动物，它的皮肤颜色会和周边的环境相一致。如果它在沙地里，皮肤颜色会变成沙子的颜色；如果它在一块儿深灰色的石头上，皮肤颜色会变成深灰色。我们许多人就像变色龙一样改变我们自己，以便在不断变化着的环境中让自己隐身。由于害怕与众不同，我们变得跟我们那时恰好遇到的那个人一样，对自己究竟是什么人失去了感觉。你能不能想起自己某个时候改变自己的行为去迎合你身边的人，以便他们不会视你为异类的情形？把这种情形写下来。你从中获得了什么？你又放弃了什么？

练习 3

我们许多人对自己要求十分苛刻，以至于难以接受表扬。当有人表扬我们时，我们觉得他假心假意或者判断错了，因为在我们内心，我们“知道”自己在某些方面犯了错。

- 你是不是很难接受他人的表扬？
- 当有人称赞你时，你对自己说些什么？
- 你在大声地说什么？你是不是接受、拒绝或看轻那次表扬或者表扬你的那个人？

练习 4

我们在设法对付额外的羞耻感时，常常采取防御的姿态，以阻止自己去体验它。注意你是不是在运用这些防御方法中的任何一种。

- **否认**。乔伊否认自己的身体有任何问题，他不顾自己的背部疼痛，因为这样会为“身体虚弱”而感到羞耻。**玛丽否认她已十分焦虑，需要去咨询心理医生，因为她会为自己的“疯了”而羞耻**。你有没有使用否认来作为防御？怎样使用？
- **回避**。梅洛迪乐于帮助他人，但拒绝接受他人的帮助。如果有人靠近她，想帮她，她确定那个人将发现自己有多么无能。**布莱恩每每开始感到不舒服的时候就径自离开，从不让任何人知道其中的原因**。你是不是使用回避来作为防御？怎样使用？
- **暴怒**。朱迪总是觉得人们在“批评她”，不停地推测他们对她说的话到底是什么意思。**艾伦每当孩子们没有立即按照他说的话去做时，总感到受了“羞辱”，因此暴跳如雷——对艾伦来说，很难去面对“自己是个不称职的父亲”的这种感觉，倒是对孩子们发怒更容易一些。**你是不是使用暴怒来作为防御？怎样使用？

- **完美主义。**乔丹的穿着毫无瑕疵，他极其注意穿衣打扮的细节。当一位同事说他的西装上有一丁点儿棉絮时，他非常尴尬。**凯西坚持认为，她家里的所有东西都必须“井井有条”，她让所有的家人都达到她那完美的标准。**你是不是使用完美主义来作为防御？怎样使用？
- **傲慢。**约翰批评他妻子，说妻子没有兴趣像他那样“关注社会”。他在批评妻子时，忽视妻子的感受，期待妻子对他顺从，因为他觉得自己很重要。**查理贬低所有的人，以便让自己给别人的感觉更加重要。**你是不是使用傲慢来作为防御？怎样使用？
- **出风头。**凯伦每天上班穿着领口很低的低胸衫，并且对所有已婚的男性都摆出一副诱惑的姿态。**基思不停地夸耀自己的性征服能力。**你是不是运用出风头来作为防御？怎样运用？

练习 5

除了波涛形和螺旋形，羞耻感还在一些反复的循环中出现。在这类循环之中，某人做些一再让他产生羞耻感的事情，比如暴饮暴食或反复地和同伴围绕同一件事争吵，从来不改变这种模式。你是不是想起自己也曾和某个人一同陷入了某个羞耻的循环之中，一而再，再而三地产生羞耻感？

如果是这样，在单独的纸上写下到底发生了哪些事情，并且以什么样的顺序发生的。

- 列举你可能采取的中断这个循环的两种方式，你用自己的实际行动来中断，同时不对他人进行羞辱。
- 下次你和他人互动，试一试这些替代方式，并且将它们是否有效写下来。
- 注意：有些羞耻感循环总是持续地出现，以至于要想改变，可能需要咨询师的帮助。如果你是这种情况，而对方不打算和你一块儿去找咨询师，那你就自己去。

练习 6

若你正深陷“羞耻螺旋”，那么，至关重要的是学会在一种羞耻的形象导致另一种羞耻的形象时考虑**停下来**。你得学会做一些中性的或积极的事情，把自己的注意力转移出去。每一次，当其他的羞耻形象涌入这个螺旋中时，你都必须这样做。如果你发现自己在内心将发生在自己身上的羞耻的事情一一列举出来，那么，重要的是打电话给某个朋友、出去走一会儿，或者做一些别的事情，包括走动走动、和其他人联系，或者两者同时做。在一张单独的纸上列举从羞耻感中摆脱出来的 10 个选项，首先从最适合你的选项开始。接下来，如果你开始进入了“羞耻螺旋”，你可以选择选项 1，然后选项 2，依次类推，直到你感觉好些为止。

第4章

缺乏羞耻感

一位40岁的男性完全主导了一次小型的派对。他不停地大声谈论自己的妻子，坚持让每个人都听到他的故事。当有人试图改变话题时，他不管不顾。他坚持站在舞台的中央，仿佛认为世界上其他人之所以存在，只是为了告诉他，他有多好。他似乎完全只想着自己，一点也没有想到别人。

一对年轻夫妻出去约会之后，坐上一辆拥挤的公共汽车回家。他们一直牵着对方的手。起初，坐在他们附近的人没说什么。有些人甚至还咧嘴一笑，回忆起了自己当年恋爱时的情形。但这对夫妻很快就越过了牵手的界限——开始了公然的性活动。最后，其中一位乘客悄悄地对另一位说："这两人到底怎么啦？他们不知道羞耻吗？"

一家剧院的经理雇用了一个小丑，让他在正式演出前暖场。他在自己的脸上涂了颜料，并且穿上一件古怪的制服。随后，他在台上用夸张的手势侮辱观众，并且将他对观众们的看法暴露无遗地表现出来。到他的暖场演出结束时，他展示了几乎每一个身体部位，让大多数观众感到尴尬不已。后来他承认，如果没有小丑的装扮，他绝对不敢这样对待观众。他说："我一穿上小丑的服装，就觉得自己获得了许可来不顾廉耻地表演。如果人们能够真正看到我的模样，我无法忍受。"

心怀过多的羞耻感，可能并不会比几乎没有羞耻感更加严重。几乎没有羞耻感的人，严格意义上说是"无耻的"——他们怀有的羞耻感，远比他们在这个世界上自在地生活所需要的羞耻感少得多。乍看上去，缺乏羞耻的人似乎没有"难堪"的烦恼，比如不会感到羞怯、没有太多隐私，亦不会表现得谨言慎行。但是，这种明显的自由，很大程度上是一种错觉。缺乏羞耻感的人真的并不自由，因为他们无法做出尊重他人界限的良好选择。他们可能无视普遍接受的社会准则，或者不得不去违反那些准则。

然而，缺乏羞耻感的人最恶劣的问题在于，他们通常十分专注于自己，以至于无法与他人深入接触。他们难以从他人的角度来看问题，因为只能从自己的视角来观察这个世界。感到羞耻的人可能觉得孤立和孤单，但这种人可以运用羞耻感来改变他的行为，以便重新获得归属感。缺乏羞耻感的人收不到对他们感到不舒服的人发出的普通的信号，或者，如果他们确实听到了那些信号，他们也认为并不重要。无论是哪种方式，他们感受不到羞耻，都可能使他们过着与别人隔绝的生活。

缺乏羞耻感的人的“以自我为中心的宇宙”

在我们最秘密的幻想中，谁没有设想过我们自己是这个世界上最重要的人？谁不希望被别人崇拜？在这方面，谁不想被人们认为是个完美的人，是美丽、智慧、优雅和力量的化身？为什么我们不该被一些喜欢我们的人包围着，他们的唯一职责是提醒我们，我们真的很棒？

很多人在年轻时就知道，他们不可能是宇宙的中心。但是，了解这一事实，并不一定很有趣。假如一个两岁孩子的姐姐即将开一个生日派对，父母一再告诉他这个派对是姐姐的，他可能还是会多次耍性子，直到最后才勉强接受自己仅仅是派对参与者的事实。毕竟，孩子们并非一出生就对界限有所感觉。起初他们甚至都没有意识到他们的身体与妈妈或监护者的身体是分开的。不过，到了两岁时，他们将意识到其他人的存在。他们还会发现，其他人也有他们自己的生活，他们最终会懂得，不论他们哭闹或抽泣多长时间，父母除了照料他们之外，还有一些别的兴趣爱好。大多数孩子了解到，他们在这个世界上的地位尽管很重要，但也是有限的，从而解决了类似这样的危机。到最后，两岁孩子会接受自己的生日派对一年只举办一次的事实。

在短时间内成为别人关注的焦点，可能让人感觉很美好，尽管如此，我们大部分人发现，当我们关心和关注别人时，同样也感觉不错。我们开始意识到，一个分享着关注的世界，也是一个相互温暖和慰藉的世界。我们用我们对社会的安全和美丽所做的贡献，来交换我们自己渴望成为全宇宙中唯一一个人的那种需要。

有些人不想接受这种观点。也许他们从来没有学会优雅地放弃成为注意力的核心，而在孩提时代，他们就是许多人关注的焦点。在后来的人生中，他们可能只和那些静静倾听他们有多重要的人约会。再后来，他们的同事可能抱怨说，这些人工作并不比别人更努力，但想要获得所有的表扬和称赞。他们向全世界发出的信号是："我是世界上最重要的人，你们必须给我你们所有的爱、时间和欣赏。"

缺乏羞耻感的人通常相信，仅仅由于他们存在于这个世上，就理应获得别人的特别对待。他们仿佛想把自己放置在高台上，供万人敬仰和崇拜。他们在想，他们明显比其他任何人都更好些。他们太以自我为中心了，以至于内心没有留出空间来关心别人。

我们可以用许多准确的名称来描述这种情形：虚假的骄傲、自恋、自大、傲慢、狂妄。在不同的时候，所有这些词都可以描述缺乏羞耻感的人。不过要记住的是，至少在某些时候，几乎每个人都曾对他们自己十分迷恋过。缺乏羞耻感是人类状况的一部分，并不是需要谴责的东西。常常感到缺乏羞耻感的人可以学会新的方法来和其他人联系，那些方法强调了对他人更大的尊重与兴趣。

缺乏羞耻感与我们在上一章描述的傲慢有什么不同？如我们看到的那样，**傲慢**是对过度羞耻感的防御。傲慢的人似乎完全以自我为中心，并且全无羞耻感。不过，这种人实际上充满了羞耻。他对别人如何评价他感到深深的担心，并且对别人的批评或贬损极其敏感。傲慢的人仿佛用一床优越感的"毯子"来掩盖他的羞耻。在那床"毯子"之下，他害怕得瑟瑟发抖，害怕被人看穿，害怕人们发现他是一个毫无用处、到处都是缺点的骗子。当别人让他过于靠近那种羞耻感时，他可能容易变得暴跳如雷。

毫无羞耻的骄傲则不同。这些人冷漠对待他人。他们更有可能忽略别人的批评，而不是对别人的批评感到愤怒，因为他们不尊重那些对他们不欣赏的人。事实上，他们通常只对表扬热情，对其他的任何评论都冷漠。这些人不是在用他们的骄傲掩盖大量的羞耻感。

无礼与缺乏审慎

有的行为是个人行为，如性关系、生理机能和涉及生理的话题，而某些类型的精神崇拜，尽管也许完全可以接受，但也属于个人事务。谦虚的人不会吸引其他人过多地关注他自己或者他的个人事务。谦虚的人似乎有一种发自内心的尊严。他不需要吹嘘自己，也不想要或者需要别人更多地关注他。

缺乏羞耻感的人则在那些通常要求保密和谦虚的事情上公开表现自己，以求获得他人的关注。谁真的想听到关于某人离婚、穿什么内衣或者选择怎样的治疗法等各种细节？一般来讲，羞耻感应当告诉某个人，他已经接近谈到某个让其他人感到尴尬的话题了，而且，对于那个话题，最好的处理方式可能是保守秘密，而不是在公开场合谈论。缺乏羞耻感的人常常接收不到类似这样的信号，这让他们身边的人感到很不舒服。

在聚会上，不论人们实际上讨论的内容是什么，光是大声地说话，有时也会激起羞耻感涌现。说话声音很大的人似乎侵入了其他人的界限，没有顾及他们的喜好。事实上，缺乏羞耻感的行为越过了人们的界限，而健康的羞耻感则有助于我们维持和保护与其他人之间的个人界限。“好的”羞耻感如此重要的一个原因在于，假如没有这种羞耻感，我们便会失去对“我们是什么样的人”的清晰感觉。卡尔·施奈德（Carl Schneider）在他编写的关于羞耻感的作品中指出，“羞耻感向自身揭示了自我。”因此，缺乏羞耻感的人常常是那些几乎没有自知的人。这也是他们十分频繁地在情绪上表现得极为肤浅的原因。

为什么缺乏羞耻感的人让身边的人感到极不舒服呢？一个原因是，大多数人通过所谓的审慎或把握分寸这种不言而喻的相互理解来和他人交往。例如，我们通常不会对某人稍显凌乱的头发、搭配不当的着装或者爱出汗的脸庞大惊小怪。如果说起这些事情，可能由某人自己的配偶、好朋友或者亲密的同事私下里说。这些敏感的话题，恰好存在于公开和私密的界线之上。

还有些更加严肃的话题，也介于公开与私密之间。我们应不应该大声谈论某人最近被诊断为癌症？如果正和你交谈的人不久前丢了工作，又怎么办？某位母亲的儿子刚刚进行了药物依赖治疗，如果我们告诉她，她的女儿也有同样的问题，那么到底是在帮助她还是在伤害她？这些话题很微妙，可能是公开的信息，但也需要审慎对待，那样才不至于让对方感到窘迫、羞耻或丢脸。

我们每个人都有能力让他人感到羞耻。两人的关系越是亲密，他们就变得越脆弱，因为每个人都知道对方不想把什么事情说出去。对于这种潜在的“武器”，人们需要谨慎运用。但是，他们将通过自己内心泛起的羞耻感，才知道某些事情最好是私底下讨论或者个别交谈。

缺乏羞耻感妨碍了胜任和熟练

我们在第 2 章结尾的练习中提出了一个例子，描述了某个人匆匆忙忙地给他的屋子刷漆，之后仔细察看一下效果，意识到自己对刷漆的过程感到羞耻，然后去返工，弥补了之前的不足，把这件事做好。他感到羞耻，是因为他没有达到自己胜任这项工作的标准。这是一种最好的羞耻感，一种对不足之处的发自内心的感觉，它可以用健康的自豪感来纠正和替代。缺乏羞耻感的人很少体会到这种感觉。

许多人至少在他们生活中的某些方面希望学习、成长和追求卓越。有的人花数小时的时间学习怎样种植玫瑰，有的人则学习新的电脑操作手册。有些人轻轻松松地完成工作上的事情，回到家后花大量精力来做家具，这是他的爱好。而他的办公室同事则对分配给自己的新任务兴奋不已，下班之后还在办公室制订计划。

缺乏羞耻感的人很少发现自己有这样的兴趣爱好。这并不是因为他们确定自己将会失败（那种失败来源于过度的羞耻感）。他们只是似乎找不到足够的内在动机来迫使自己产生健康的自豪感。问题的一部分在于他们缺乏对自我的清晰感觉，而自我是他们的核心，正是从这个核心开始，他们慢慢地拓展自己的界限。有些人的家庭可能不重视或者不关心个人的自豪感；从来没有人告诉过他们要怎样挑战自己。长期服用改善心情的药物（特别是大麻）的人还可能加剧了这种缺乏羞耻感的情况：每天都吸食大麻的人不再关心大部分的事情，已经形成了“缺乏动机综合征”（Amotivational Syndrome）[⊖]，这个医学术语针对那些不再关心熟练和胜任的人。幸运的是，这是一种可逆的情形，也就是说，随着时间的推移，当这个人不再吸食大麻时，通常会发现他的正常价值，并且能够对这个世界做出回应。

⊖ 特点为情感淡漠、效率丧失、执行复杂或长期计划的能力下降、对挫折的耐受能力低和注意力集中困难。该综合征可见于分裂症、情感障碍，或者经常使用大麻或其他物质的人。——译者注缺乏羞耻感让人们不知道自己什么时候正让自己失败。不能感受到羞耻的人会陷入平庸和冷漠。每一种羞耻的情形都代表着个人重新打起精神的机会，但缺乏羞耻感的人错失了这些机会。

小结

缺乏羞耻感的人感受到的羞耻感少于他们与别人交往时所需的羞耻感。他们不能运用自己的羞耻感来帮助自己理解界限并和世界上其他人联系。

这些人表现出以下一个或多个方面的性格特点：

- 他们持续不断地要求成为他人关注的中心。
- 他们通常表现得不谦虚。
- 他们在和别人交往的过程中缺乏审慎和对分寸的把握。
- 他们缺乏尊严与荣誉。
- 他们不能用羞耻感使自己变得更加胜任，并且最终感受到健康的自豪感。

缺乏羞耻感的人在情感上不成熟。在他们的成长过程中，有些东西出了问题。他们无法找到自己在宇宙中的正确位置，因为他们知道的自己的唯一位置，好比是舞台的中央。他们与身边的其他人脱了节，但他们自己甚至都不知道这一点。简单地讲，他们在自己的生活中需要更多的羞耻感。

练习

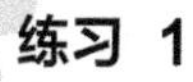

练习 1

缺乏羞耻感的人通常缺乏谦逊，也就是说，他们不太理解自己并不会比其他人更好，也不会比其他人更差。因为他们醉心于他们自己，所以失去了对其他人的好奇心和欣赏。如果你通常觉得你得让所有人都关注你，那么，在这个星期之内停止说话，转而开始倾听。问别人一些关于他们自己的问题（不是关于他们对你的感觉的问题）。把你了解到的东西写下来。

如果你并不是缺乏羞耻感，而是知道某个人是什么样的人，这个星期特别关注一下这个人到底忽略了什么样的线索，以及他可能没能听到什么样的信号。把那些都写下来。

练习 2

缺乏羞耻感的人有时候违反礼貌的准则，只为了炫耀他们自己。例如，一个妄想他本人是上天献给女性的伟大礼物的男人，可能会在不恰当的时候讲一些黄色笑话，或者在工作中对女性进行性暗示，因而侵犯女性的界限。他也许认为那些准则对他不适用，并且认为，他的那种无礼，会使得他的魅力甚至更加难以抗拒。你有没有发现过自己有意地表现得无礼？

这种行为实现了你想要实现的结果吗？你认为其他人会有怎样的感受？

练习 3

缺乏羞耻感的人还缺乏审慎和对分寸的把握。例如，谢尔莉在公司吃午餐时，和同事贝夫探讨了她那“发痒的”真菌感染，让贝夫感到十分尴尬。谢尔莉的上司同样也觉得尴尬。结果，那两位同事都很犹豫，以后要不要再跟谢尔莉一起出去吃饭了。谢尔莉发现，她一个人出去吃饭的时候变得越来越多，但不知道其中的原因。你是否遇到过类似的情形，在自己不知道的情况下越过了别人的界限？

最后你是怎么发现的？

如果你认识某个缺乏审慎的人，怎样和那个人交往？你会说出来，告诉她你们两人之间的边界是什么吗？

LETTING GO OF SHAME

第二部分 羞耻感的众多来源

羞耻感来自何处？这是一个重要的问题，因为如果我们可以理解羞耻感的来源，也就能理解怎样应对由于过多或过少的羞耻感而导致的问题。

在本书的这个部分，我们将专门用一章的篇幅来阐述羞耻感的五个来源中的每一个。所有这些来源都很重要。如果我们想要全面理解羞耻感，不能忽视其中的任何一个来源。它们是：①在亲密关系中发现的羞耻感的生物学根源；②羞耻感和家庭起源；③当前的令人羞耻的个人关系；④激起羞耻感的社会压力；⑤自我羞辱的成年人。

第 5 章

羞耻感的根源

羞耻感的最早的来源是什么？刚刚来到这个世界的新生儿会不会在遗传基因上产生羞耻感的倾向，或者，羞耻感是不是从婴儿与他的父母的第一次接触就开始产生了？

我们应当研究关于羞耻感如何形成的两种理论。

（1）孩子在生物学上具有产生羞耻感的倾向。

这最初表现为婴儿会通过眼望别的地方或者打不起精神的方式，使不舒服的刺激最小化。这种理论的研究人员将羞耻视为一种普遍的情绪，其根源是人类的状况，而不是涉及婴儿和他的家人的一些特定事件。对抑郁症的研究，为羞耻感的遗传学和生物学来源提供了更多证据。如我们将会看到的那样，某些类型的抑郁症似乎尤其与羞耻感相关联。

（2）羞耻感是从两岁前的语言和非语言的交流中产生的。

许多理论家和临床医师追踪观察到，羞耻感的形成源于婴儿两岁前的语言和非语言的交流。这种理论着重强调的是，当孩子在设法追求独立性和吸引父母的积极关注这两个方面遇到困难时，可能备感失败，从而产生羞耻感。

这两种理论都十分宝贵。我们认为，孩子产生羞耻感的能力，天生就各不相同，有些婴儿可能比其他人对羞耻的感觉敏感得多。接下来，当父母和监护者羞辱抑或欣赏婴儿时，也能对他产生影响。

我们现在介绍的材料，并不存在真正的证据。没有人确切地知道婴儿怎样产生羞耻感，而且，新生儿肯定不会将他们的想法告诉我们。

羞耻：一种普遍的情绪

在过去大约 10 年时间里，科学界对非语言交流这个方面的研究成果迅速累积。视频设备的使用对科学家特别有帮助，这些设备用于研究人们相互之间通过脸部表情和身体发出的信号。

保罗·艾克曼（Paul Ekman）和他的同事对这项研究做出了巨大的贡献。他在自己的著作《人类的脸》（*The Face of Man*）中探讨了是否所有的情绪都可以被人们普遍理解。例如，一位新几内亚的土著人，只看一眼照片，是否就能判断出一位法国人正在生气？他发现，许多感觉确实有着普遍的特点。“发达”和“原始”地区的人们只需相互看一下照片，就能同样极其准确地辨别对方的情绪。

艾克曼深入研究了六种情绪：高兴、惊讶、悲伤、厌恶、愤怒和恐惧。他推测，羞耻和窘迫也可能是一些普遍的体验，并提出：“我们通常足够多地见到这两种情绪的表达……能够有信心地感觉到，在许多不同的文化之中，这两种情绪的表达是相似的。表达窘迫的一个常见信号是扭过头去并用手遮住脸。”

另一位研究人员 C. E. 伊扎德（C. E. Izard）研究了羞耻和丢脸的感觉。在《情绪的面部表情》（*Face of Emotion*）一书中，伊扎德指出，在大多数不同文化的国度中生活的人，可以从一组显示许多种情绪的照片中准确地挑出反映羞耻 / 丢脸的情绪的照片。

不过，席尔文·汤姆金斯（Silvan Tomkins）提出了最有说服力的论据来证明羞耻感是一种普遍的体验。自 20 世纪 60 年代以来，他围绕“情绪如何主要在脸部显示出来”这个主题撰写了大量的论著。汤姆金斯曾为一本名为《羞耻感的众多面部表情》（*The Many Faces of Shame*）的书撰写过一章内容，他在书中指出，羞耻感压制了人们的兴趣与兴奋感。摇头表示拒绝和将眼睛望向地面的人，体验到的兴奋感往往不太强烈。汤姆金斯写道，当过多的快乐在社会上不被人接受或者会让某个人感到极其脆弱等情况出现时，需要压抑一下人们的热情。

羞耻感暂时地使人们相互之间脱离了联系。例如，美国女性和许多其他国家的女性在注意到某人对她们表现出的性兴趣时，通常会羞怯地望向别处，即使她们对那个人也有兴趣。她们可能给出的信号（当然，仅仅在某些情形中）是她们的性兴趣过于强烈，绝不能够在公众面前公开表达。同样，在某种场合中，当威胁变得太过强大时，人们一般会避开眼神交流。

通常情况下，孩子会通过将眼睛望向地面或者望向别处，来回应过度刺激和不舒服的情形，那么，他在人生中的什么阶段便能做出这样的回应呢？唐纳德·内桑森（Donald Nathanson）在为《羞耻感的众多面部表情》一书所写的一章内容中引用了一项研究，该研究证明，婴儿在八个月大的时候便能做出这种回应。内桑森认为，婴儿的体内生来就有一种机制，这种机制为孩子后来学会唤起羞耻感做好了准备。内桑森指出，我们对婴儿研究得越多，便会越来越意识到，我们刚一出生就开始和其他人互动。如果某个孩子刚生下来便能和他的父母进行交流，那他也有可能中断和父母的交流。

许多父母依然记得他们第一次直直地盯着新生婴儿眼睛看的情形。那种相互的凝神对视令人激动，一看到孩子，父母的整个身体都会产生感觉，这是对他们和孩子之间这种密切关系的生理响应。这种凝神对望告诉父母们，这个孩子是他们要倾注爱与保护的，它也告诉孩子，他属于这个世界了。眼神的交流将父母和孩子从孩子出生的那一刻起就紧紧连在一起。

但是，直接望着父母的孩子还可能时不时望向别处。这些时候对父母来说也许是痛苦的。某位倍感失败的父亲可能会说："我希望我的孩子像看他妈妈一样经常看我。"到孩子大一些的时候，父亲或母亲对孩子说："我在跟你说话的时候，请看着我。你盯着地板看的时候，我心里讨厌极了。"我们相信，即使是新生儿，也会从直觉上意识到，在过于刺激的场面下，他也可以通过中断眼神交流来"降低场面的热度"。

羞耻感和生物化学因素导致的抑郁症

如果孩子天生就能感觉到羞耻，那我们必须考虑另一个重要的问题。有没有可能某些人生来就对羞耻感过于敏感（或者是后来形成的）？换句话讲，是不是有些人刚一出生便以羞耻为中心，原因是他们的某些生理特征，而与父母养育他们的方式无关？有的人会不会天生就感受到自己的羞耻？他们是不是由于大脑发送的信号而让自己内心充满了自我憎恨和绝望，并感到深深的、挥之不去的羞耻感？

在这个领域进行的研究，并没有找出清晰的答案。但是，那些研究由生物化学因素导致的抑郁症的学生注意到，这类抑郁症通常伴随着羞耻感。精神病医生海伦·布洛克·路易斯（Helen Block Lewis）和其他人将羞耻感和抑郁症联系起来。唐纳德·内桑森写道，在治疗与抑郁症相伴随的羞耻感方面，有些抗抑郁的药物是有效的。

内疚的感觉也与抑郁症相关。抑郁症患者似乎把所有做错了的事情都归咎于自己，无论这些事情实际上该不该由他们负责。具有羞耻倾向的人一旦变得抑郁，会攻击他们自己的个性和品质。他们也把有问题的事情归咎到自己身上，坚持认为，问题就出在他们有缺陷的个性上。他们可能觉得自己没有理由活在这个世上，原因是他们不好。这种挥之不去的羞耻感也许驱使他们考虑到自杀，这是对自己一无是处的感觉的终极回应。

与临床抑郁症相关的深感羞耻的想法和感觉不可能通过谈话来消除，不论其他人对怀有这种想法和感觉的人多么关心或担心。问题是医学方面的。这种特点的羞耻感，并不是由某人当前的个人关系、家庭的起源或者甚至这个人本身而导致的。我们想在这里强调这样一种观点：如果你背负了大量的羞耻感，那些感觉久久萦绕在你心头，特别是若你在过去几年里一直不能以别的方式改善你的生活状况，那么，你需要与一位有资质的医生或精神病专家预约看病。你可能正在遭受与生物化学相关的抑郁症的痛苦，这只能靠药物来治疗。请看一看本章最后部分的练习 2，其中有一个抑郁症常见症状的列表。

儿童早期的羞耻感

直到最近，许多作家和治疗师都以为，孩子在形成清晰的自我感觉之前，不会产生羞耻感。只有当人们意识到别人和他是分开的、独立的，他才会感到别人在评判他。同样的道理，只有当某个孩子知道他有可能被父母遗弃，他才会害怕被遗弃。

埃里克·埃里克森（Erik Erikson）认为，羞耻感在大约两岁时形成，在那个年纪，孩子正在努力争取独立。一般来讲，那个年龄的孩子，不论他的父母想让他做什么，他都急切地渴望按照自己的方式来行事。（这个时期通常称为"可怕的两岁"，因为孩子们通常会和父母对着干，无论为了什么事情。）埃里克森相信，孩子们通过这些争斗来学习，坚持认为他是独立的个体，拥有自己的思维和个性。

在这个阶段，羞耻感可能迅速发展。例如，孩子的父母可能觉得自己的职责是时刻控制着孩子。他们阻止孩子一个人去做任何事情。这种过度的保护，尽管是出于支持的意图，却破坏了孩子的独立自主的感觉。孩子到最后可能认为他做得不够好，无法代表他自己。他可能确定自己比其他人更加软弱、更加无能，从而产生了自我怀疑。这种怀疑不会像羞耻感那样产生强烈的毫无用处的感觉，但影响也极其深远。怀疑自己的本领的孩子，长大成人后通常会质疑他所做过的几乎每一件事情的价值。

埃里克森把这个时候描述为"自主权"对"羞耻和怀疑"的发育危机。他认为，父母可以帮助孩子形成一种自主（独立）的感觉，方法是渐渐地允许他对自己的事情承担越来越大的责任。羞耻感和怀疑的产生，要么是由于父母亲不合理地拒绝给予孩子自主权，要么是由于孩子争取更大自主权，超出了父母能够安全地允许给予的自主权的范围。父母和孩子之间的这种角力，可能导致某些羞耻感的产生。在极端的情况下，孩子也许开始对自己感到深深的羞耻。

和埃里克森一样，海因茨·科胡特（Heinz Kohut）认为，羞耻感在大约两岁时开始形成。科胡特在《搜寻自我》（*The Search For Self*）一书中写道，孩子有一种自然而然的渴望，渴望表现自己——这被称为“无约束的出风头”。孩子期望父母仅仅由于他的存在而给予他大量的关注。他需要得到父母的关注，以便在情感上成长。

孩子们对其生命有感觉时，感到自己就是宇宙的中心。他们几乎不理解他们和其他人之间的界限，只会渐渐意识到其他人（特别是父母）和他们的身体是分开的，过着独立的生活。知道这个事实后，孩子也在某种程度上意识到他有可能被这些和他分开的人们所抛弃。许多人认为，这种对抛弃的恐惧，可能是羞耻感的核心。羞耻的人觉得他会被抛弃，因为他自己并不是足够好，不值得留在父母的身边。

孩子要求父母持续不断地予以关注，以奋力争取这种确信，确保他不会被抛弃。但是，没有哪位父母总能停下手头的事情来关注或表扬他们的孩子。有时，孩子由于自己无法成为父母关注的中心而备感失败。这很正常。它甚至有助于孩子意识到自己只是一个普通的人。渐渐地，他将了解到他足够重要，可以获得其他人一定程度的关注，但并不是时刻都被其他人关注。

但其结果可能是不好的。几乎没有得到过父母关注的孩子会认为，自己不值得父母花时间照看，因而可能确定，没有人真正关心他或对他十分感兴趣。他也许觉得，他一定“什么都不是”。

父母亲若大多数时候都在拒绝孩子，可能给孩子造成灾难，让他内心充满羞耻感，并驱使他远离他人。当孩子过于频繁地被人拒绝时，他可能确定自己身上一定有些东西错得十分离谱。

科哈特还描述了孩子的这个寻求关注的人生阶段可能产生的不幸后果。孩子也许产生了强烈的自恋倾向。这样的孩子也许继续期望和要求别人给予他们更多的关注，超过了他们应当得到的。在幼年时期，人们认为他们被惯坏了，到了成年时期，人们认为他们自高自大。有些人在情绪上未能发育成熟，成为第 4 章中描述的那类缺乏羞耻感的人。他们从来没有上过关于人性的这一课，不知道他们并不会比别人更好，也不会比别人更差的这个事实。

小结

羞耻感似乎是一种普遍的体验。双眼望向地面以中断和他人的眼神交流的这种生理响应，全世界所有人都一样。这类羞耻感的一个方面价值是，它浇灭了人们的兴趣与兴奋，也就是说，在两个人正在交流，其中一人或另一人变得过于愤怒、高兴或投入的时候，可以放缓两人之间的交流。

羞耻感与人们的生物化学特点导致的抑郁症相关联。更为明显的是，羞耻感至少有一部分来自遗传。有些人天生就有一种产生不健康羞耻感的倾向。

这种与成年人的羞耻感相似的羞耻感，在两岁的时候开始形成。在这个年龄，孩子开始确立独立的身份认同。过多的羞耻感延迟或扭曲了身份认同的过程。羞耻的孩子不认为自己有权力过着独立的生活，抑或认为自己是个软弱的、有瑕疵的人。他无法产生舒服的自主感觉，使得他内心充满过多的羞耻感和怀疑。他不能解决自己对他人关注的需要，使得他害怕和预料自己会被他人抛弃，或者要求其他人给予无止境的关注，以确保他自己有所价值。

羞耻感最初的形成，很大程度依然是个未解之谜。遗传学和生物学似乎在羞耻感形成的过程中扮演着重要角色，但它们究竟有多么至关重要，仍然不能完全予以确定。

练习

练习 1

羞耻感的一个作用是降低那些强大的接触的“负荷”。在和其他人眼神接触的时候，试着比平时更长时间地注视着对方。确保你在这样做的时候不至于屏住呼吸，而是继续深深地、轻松地呼吸。

- 在这种超长时间的眼神交流期间，你感觉怎样？
- 在你的实验中，谁第一个中断眼神交流？

练习 2

如果你觉得自己陷入了羞耻感之中，你也许患上了生物化学因素引起的抑郁症。回答以下这个清单中列举的问题，有助于你确定自己是否需要外人的帮助。

- 你是不是经常在夜晚难以入眠，或者难以保持深睡状态？
- 在过去的两个月里，你的体重是否增加了近5千克或减轻了近5千克（在没有采取节食的情况下）？
- 你是不是发现自己总是在哭泣，或者，即使没有泪水的涌出，也时时刻刻都想哭？
- 对于你感到没有进步的领域，你的身体反应和身体活动是不是“放缓了速度”？
- 你是不是比一般情况下更多地躲着你的朋友、家人，不愿意参加一些活动？

- 你是不是对性和性生活失去了兴趣？
- 在一天中的某些时候（早晨、下午或傍晚），你是不是明显感觉很糟糕，而在另一些时候感觉好一些？
- 你是不是经常产生自杀的感觉，脑海中浮现了自杀的影像，或者是产生了自杀的冲动？
- 你是不是觉得心情低落、悲伤不已、孤单无依以及毫无价值、无能和羞耻？
- 你是否难以集中精力或者进行清晰的思考？

如果你对两个以上的问题的回答是“是”，那么，重要的是约一位医生或咨询师，请他/她评估你是否患上了抑郁症。如果你难以集中精力或者经常忘记事情，把这份清单随身带上。

练习 3

在孩提时代，我们需要理解两个重要的事实。一个事实是，仅仅因为我们是独一无二的人，我们值得其他人的关注。另一个事实是，我们不可能时刻都获得他人的关注，而是必须和别人一同共享那种关注。你还是个孩子时，觉得父母是怎样对待你的？在以下与你的经历相符的描述前面画一个圈。

重点关注	关　注	忽　视
喜欢	认可	不认可
在适当的界限内是自由的	受到控制	不受控制
受到过度保护	受到合理的保护	不受保护

你是否觉得这些经历已经影响了你如今引起他人的关注的方式？如果是的，怎么影响的？

第6章

在羞耻中长大：羞耻感及家庭起源

母亲又一次暴跳如雷。她对所有人都很生气，而且像往常一样，对她自己六岁的儿子最为气愤。她说："我真希望从来没有生过你。你总是给我找麻烦。你一直以来就分文不值。你身上一定出了什么问题。"

一个13岁男孩把七年级老师们打出的分数带回家了。他的成绩很优秀：四门为A，一门为B。他父亲瞟了一眼那些成绩，简单地表扬了一下孩子做得好的地方。接下来，训斥开始了。父亲对儿子说："我在学校的时候，从来没有拿过A以下的成绩。"30分钟后，父亲用下面这句话结束了他的训诫："儿子，如果你想让我为你感到自豪，你得比这还稍稍好一点。"

爸爸一定有什么地方不对劲。如今，他躺在长椅上好几天了，一会儿哭，一会儿安静，整个人悲伤过度，无法去上班。这种情况以前也出现过，但孩子们记不起爸爸什么时候这么糟糕了。最后，大女儿（16 岁的苏珊）让妈妈打电话叫个医生来。但妈妈不肯打电话。她说："你知道，我们生活在这么一个小镇上。如果我打电话给医生，很快全镇的人都会知道了这件事。人们会怎么看我们？"

"她是个又丑又顽皮的小孩。我猜我天生就不适合当父母。每次她哭的时候，我都感到阵阵战栗。我无法忍受喂她吃东西的感觉。我知道，我理应和她待久一些，但过不了几分钟，我又开始恨她。有几次，我失去了控制，开始掌掴她，她甚至都没有做错任何事情。

有些家庭经常沉浸在羞耻感之中。每天有几十次甚至上百次，这些家庭中的成员说一些和做一些产生及散播羞耻感的事情。我们称这样的家庭为**以羞耻为中心的家庭**。

在有的家庭，总有一两个人充当被羞辱的对象。这些人是家庭的**"替罪羊"**，不论什么事情，家人都把责任推在他身上。这些替罪羊要承受整个家庭的羞耻。与此同时，其他的家人似乎能做他们想做的任何事情，永远不会陷入麻烦。替罪羊们常常认为他们总是被贴上了"坏""笨"或"无用"的标签。

他们带着自己深深的羞耻感长大成人，预料自己总是被其他人评判。

另一些家庭则深深陷入每个人都倍受影响的羞耻感之中。这些父母认为他们自己就是失败的典型，无法赚到足够的钱或为孩子提供足够的爱。他们的孩子了解到，在这些家庭里，几乎没有什么事情可感到自豪，随着孩子渐渐长大成人，也慢慢失去了他们的精神性。在这些家庭中，每个人都批评别人。家庭中的日常事务都充满了侮辱和对个性的指责。

这些家庭通过成员之间相互交流的方式产生羞耻感。孩子们在充满羞耻感的家庭中长大，通常也会变成以羞耻为中心的人，家庭氛围中萦绕着较低的自我价值和缺陷的感觉。

在这一章，我们将探讨羞耻感怎样形成、怎样在以羞耻为中心的家庭里恶化。由于父母通常掌控着这些家庭，我们将重点强调导致羞耻感产生的养育行为。不过，在开始之前，我们想在此提醒几句。第一，要记住，没有哪位父母有意地破坏他们孩子的生活。感到羞耻的父母通常来自令人羞耻的家庭。他们只是不知道怎么以一种更好的方式为人父母，或者可能没有意识到，他们那令人羞耻的指责给别人造成了怎样的伤害。第二，没有哪个家庭不会偶尔地出现一些令人羞耻的场面。一定的羞耻感是不可避免的，而且，也许对一个家庭的正常运转来说是必要的。不过，以羞耻为中心的家庭不可能或者不会控制这种令人羞耻的行为。家庭成员似乎常常相互攻击。

最后要提醒一下来自以羞耻为中心的家庭的读者：读到这些内容的时候，你们很容易感到怨恨。此外，你也许还很想把你所有的羞耻问题全都归结到父母身上，即使你已经多年没跟他们生活在一起。本章结尾时的一些练习，可能有助于你缓和这种感觉。记住，作为一个成年人，你必须为自己的羞耻感负责任。重要的是了解你的父母怎样助推了羞耻感的形成，以便你可以着手缓和这种感觉。来自家庭中的羞耻感令人痛苦，也具有破坏性，但是，不能因此而诅咒哪个人过上悲惨的生活。

有缺陷的信号

当父母一再告诉孩子，说孩子的某些方面存在问题时，孩子们通常觉得自身有缺陷。到最后，他们会相信这些信号。接下来，他们会对自己反复强调这些信号，直到十分确定他们的内心感到羞耻。

五类信号对孩子的伤害尤其严重：

（1）你不好。

（2）你不够好。

（3）你不属于这里。

（4）你不值得爱。

（5）你不应当存在。

你不好

这种说法的伤害直抵孩子的内心深处。它告诉孩子，他生来就是有缺陷的，他糟糕透顶，他在某个方面很坏，而且永远也改变不了了。这类说法的一些例子包括：

- “你总是那么……（肥、格外愚蠢、疯狂，诸如此类）”
- “你就是这个样子……你不可能改变。”
- “从你出生的那一刻开始，我便发现有些方面出了问题。”

当父亲或母亲真正相信这种说法时，孩子们再怎么做，也不可能让父母改变想法或行为。例如，觉得孩子十分疯狂的父亲或母亲，总是可以找出一些证据来支持这种想法。“当你告诉乔伊我们打算去动物园玩的时候，你有没有发现他的眼神多有意思？好奇怪的眼神。我觉得他有点问题。正常的孩子不会那样，是不是？”

听到“你不好”这种说法的孩子可能开始相信，他天生就有缺陷。他可能认为自己的出生是个巨大的错误，得向全世界道歉。这样的孩子精神上受到了伤害，看不到自己存在的理由。

你不够好

这类信号更难察觉，但也同样具有破坏性。孩子听到这种说法，会认为他的行为或个性勉强可以被人接受，但不能完全被接受。他还得做得稍稍好一些。例如，打扫了三个房间的孩子，本来确实可以打扫四个房间的卫生；第一次创下纪录的孩子，应该可以再度打破纪录；洗好了所有衣服的孩子，本来可以把衣服整整齐齐叠好。获得这种信号的另一些孩子觉得他们在智力或外貌上有些许的不足，或者，他们稍稍不如自己的哥哥姐姐或弟弟妹妹那么可爱。

无论这些孩子做什么，都不可能获得父母亲的认可。父母似乎总对他们感到失望，不过，这类父母也迅速指出，他们的孩子有着极大的潜力。如果孩子们再努力一些，一定能做得更好。

以这种方式感到羞耻的孩子通常认为，他们永远不可能做到足够好，以赢得父母亲的爱或尊重。不过，那并不意味着他们会停止努力。事实上，他们可能拼尽全力，试图哪怕听到一回父母亲的表扬，称赞他们已经足够好了。这种深藏内心的绝望，可能伴随着他们长大成人，等到他们结婚的时候，他们将重复自己父母的那种模式，不接受自己的另一半，对他 / 她感到失望。

你不属于这里

听到“你不属于这里”这类信号的孩子通常觉得，他们和家里其他人不同。他们的某些方面是不可接受的，这使得他们和其他家人区分开来。也许他是家里唯一一个染了红头发的孩子；抑或他可能“为了自己的利益太过精明”，也就是说“聪明反被聪明误”；抑或母亲或父亲从孩子出生的时候就无法与他建立深厚的亲情。不管什么原因，家庭的其他人之间的关系，似乎比与这个孩子的关系更密切一些。

收到这类信号的孩子往往对非语言的否定极为敏感。他们注意到别人为表示不感兴趣而轻微地耸耸肩或偷偷地打哈欠。他们可能无法将自己的感觉用语言表达出来，但他们觉得，在自己家里，他们始终是个陌生人。他们急切地想让其他家人接受他们，但不知道怎么做。

你不值得爱

这类信号也会凸显孩子对缺陷的感觉。孩子完全依赖自己父母的爱，再没有别的什么能够保证孩子将受到保护、住有所居、食有所依。然而，我们没有人可以赢得其他人的爱，也没有哪位孩子可以让他的父母爱他。发现父亲或母亲不爱自己的孩子，一定感到很脆弱。他还很可能认为自己一定有什么问题。毕竟，其他的父母都爱他们的孩子。

不被爱的孩子并不一定受过身体上的虐待或者被忽视过。他们可能只是为家人所不容。即使他们得到了父母的爱，父母也很少告诉他们。他们的父母亲尽管也履行自身做父母的责任，但从来没有表达过十分珍视孩子的想法。以这种方式感到羞耻的孩子，长大后可能以为自己也许从来没有被别人深深爱过。

有的父母习惯于威胁孩子，说他们将撤回他们的爱。他们说一些这样的话："如果你不照我说的去做，我就不再爱你了。"他们还可能通过不声不响地突然转身离去，抑或拒绝跟孩子说话的方式来否定孩子。这些威胁和行动令人害怕，尤其对于那些没有时间观念的青少年。对他来说，几分钟的沉默，感觉像是永远。

父母威胁着撤回他们的爱，是在运用孩子对被抛弃的恐惧来控制孩子。他们也许没有意识到，这么做深深伤害了孩子的价值感。他们暗示，孩子只有按他们说的话去做，才值得他们爱。这会让孩子产生过度的羞耻感。

你不应当存在

许多孩子也许直接听到这样的话，例如，父亲或母亲可能说："我好希望从来没有生过你。"可能某位女性怀了孕，导致她的婚姻不幸福或者在经济上陷入困境；也许父亲或母亲怨恨甚至讨厌某个孩子。

令人羞耻的信号可以触发一种强烈的空虚感和无用感。想着**"我不应当存在"**的孩子会心灰意懒，陷入绝望。接受这类信号的孩子将难以找到活下去的理由。随后，或者是等到他长大成人后，他甚至会想到自杀。自我毁灭是希望破灭的表现。但与此同时，这是对羞辱孩子的父母亲的一种忠诚行动的体现：**由于你告诉我，我不应当存在，所以我将离开。**

父母的拒绝：抛弃、背叛、忽视和冷漠

害怕被拒绝是以羞耻为中心的家庭中一个熟悉的主题。孩子可能经常被

独自留下，被父母冷落或忽视，深受其害。甚至，当他们的父母在家时，他们也被忽视和忘记。有时，父母对自己的生活投入了全部的精力，没时间爱孩子。当父母由于酗酒、心理疾病或者产生高度压力的情形而分心，没能照看好孩子，此时对孩子的忽视达到极致。有时，这种忽视是故意的。例如，我们为几个成年客户进行过治疗，在他们的孩提时代，父母有时几个星期或几个月不跟他们说话。

当父母经常不兑现对孩子的承诺时，孩子将产生背叛的体验。离异后和孩子分开生活的父母如果没能按约定的时间探望孩子，看起来也是背叛了孩子。同样，一位经常承诺跟孩子在一起的父亲或母亲，如果从来没有抽时间跟孩子一块儿玩，同样会让孩子产生被背叛的感觉。

被拒绝的孩子常常认为他一定有些什么问题，才导致被父母拒绝。但是，前面提到的每一次被拒绝，可能促使孩子产生稍稍不同的感觉和想法。

- 被忽视的孩子可能确定他“什么都不是”，是个几乎毫无价值的人，甚至到了他的父母都不在乎他的地步。
- 被抛弃的孩子可能觉得非常孤独，因为他并不属于任何人。
- 被父母冷落的孩子可能开始觉得乏味，并且和别人比较时觉得自己黯淡无光。
- 被背叛的孩子可能觉得不信任，无法相信别人最后不会拒绝自己。

这里共同的主题是羞耻，这是一种使得拒绝不可避免发生的、认定某人的内心存在缺陷的感觉。

没有哪位父母能够自始至终关注孩子。这里讨论的令人产生羞耻感的模式，不只是因为父母偶尔忘记或忽略了孩子才会发生。有的拒绝将促使对方产生过多的羞耻感，这是最重要的、最受创伤的或者最反复的拒绝模式。

身体虐待和性虐待

家人对孩子的身体虐待和性虐待可能是极其令人羞耻的事件。这些侮辱的受害者认为他们无法控制自己的身体。他们不能就他们是什么样的人产生强烈的感觉，因为他们无法在他们自己与其他人之间确立界限，而且这种界限得到双方的接受。

身体虐待的受害者在遭到惩罚时常常被轻蔑对待。施虐者可能告诉他们，他们很坏或者十分糟糕。对一个孩子来说，要在身体上遭到压制的同时与那样的信号进行对抗，实在是太难了。他的身体创伤愈合很久以后，他依然会感到羞耻。他也许体验到了丢脸的感觉，因为他太软弱了，没办法逃过打骂。

性虐待的受害者常常感到肮脏和厌恶。羞耻感与性是紧密相连的，正常情况下，有着健康的羞耻感的人还具备谦逊和慎重对待性的能力。对孩子施以性虐待的父母，玷污了孩子的性。与性虐待相伴相随的羞耻感可能严重损害人们的性身份感。

保守秘密：维护家庭的形象

以羞耻为中心的人害怕被揭穿。他们不希望别人过于细致地审视他们，因为他们害怕自己内心的“坏”变得明显。他们似乎常常戴着面具，也就是扮演着没有人可以看穿的角色，以保护他们脆弱的身份认同。他们感到太羞耻了，生怕别人发现他们更深层次的自我。

以羞耻为中心的家庭也差不多，他们最重要的担心是声誉。对“**邻居们（我母亲、他老板，等等）会怎么想**”这个问题的回答极其重要，有时候甚至比面对现实更重要。这个时候，仿佛社会的认可至关重要，社会的谴责不可想象，必须维护体面的形象。

控制着这些家庭的父母不断地对他们的孩子施加压力，以便孩子与社会的期望相一致。有时，这种对社交礼仪的坚持，是一种帮助孩子学习和认识团体标准的正面力量。另一些时候，当施加的压力太过强大和严苛时，孩子不得不牺牲大量的个性特点来所谓地“融入”社会。这样的孩子了解到，他只有通过牺牲自己真实的自我，才能避免羞耻感。

以羞耻为中心的家庭经常保密。家里的大事小情可能都秘而不宣：某位亲戚的衰老；母亲的药物依赖症；父亲在工作中遇到的问题；儿子或女儿在学校惹来的麻烦或者违法；某位家人的怀孕、抑郁或者生病；等等。在这些家庭里长大的孩子直接或间接地得知自己绝不能跟外人谈起所有这些事情。如果谈论了，可能给家庭带来了羞耻，因而受到惩罚。

在保守秘密的家庭，父母控制了信息的流动，反复告诫每个孩子，使他们不对外人说一些令家庭蒙羞的事情。有的家庭成员可能比另一些成员了解得更多一些。孩子们也开始保守他们自己的秘密，因为到目前为止，他们已经确定，保守秘密是他们生存下去必须做的事情。

保守太多的秘密，可能让一个家庭深陷羞耻，不能自拔。在这些家庭里长大的人觉得，家里一定在某个方面出了问题。谁能对一个永远遮遮掩掩、躲躲藏藏的家庭感到自豪呢？

小结

在以羞耻为中心的家庭长大的人，到了成年时期，几乎人人都会受伤。许多人心怀过多的羞耻感。他们成家立业后，很可能也继承着原来家庭的那种缺陷、拒绝和保密的传统，给自己的子女带来羞耻感。要记住，许多以羞耻为中心的家庭中的父母，本身也陷入深深的羞耻感。

陷入羞耻感的家庭可以恢复正常吗？我们认为可以。我们见证过许多家庭用家人相互之间的自豪感来替代相互之间的羞耻感。他们不是相互批评和指责，而是互相表扬和欣赏，从而实现了转变。不论人们成年后是否仍然和他们的家人住在一起，都能治愈自己的创伤。我们将在探索了其余的羞耻感来源之后，在本书的第三部分讨论如何治愈这些创伤。

练习

练习 1

你是否曾经认为你不好、不够好、不属于这里、不值得爱或者不应当存在？是不是长期有这种感觉？如果是这样，你可能伴随着羞耻感长大。看一看你能否辨别你收到过哪些信号、从谁那里收到的，以及怎样收到的。注意那些将对你有帮助的例子。

信　号	从谁那里收到	如何收到
不好	父亲	被打、被责骂
不够好	母亲	不耐烦的眼神、大量的指责
不属于这里	兄弟	责骂我、留下我一个人
不值得爱	父亲	从来不碰我或拥抱我
不应当存在	姐妹	说她希望我从来没有出生过

练习 2

虐待有许多种形式，包括我们可能认为正常的形式。以羞耻为中心的人常常相信，他们自己活该被虐待。现在，花时间看一看在你家里曾发生过哪些事情。

- 对你和你所做的事情，家里人称为什么？这些称谓（如“亲爱的”“傻瓜”）是赞扬还是羞耻？这些称谓对你来说意味着什么？
- 你是不是常常由于家里的问题受到责备，或者由于其他人的感受和行为受到惩罚？（“如果那不是为了你的话……”“你把我气疯了。”“如果你不怂恿他，他不会做这件事。”）
- 你多么频繁地受到惩罚？你是否总能理解自己被罚的原因？
- 你的家人是不是期望你第一次就能毫不出错地把事情完美地做好，甚至是对你那样的小孩子来说确实很难做好的事情？
- 其他的家人是不是经常忽略你、留下你一个人、不跟你说话或者躲着你？
- 你是不是受过身体虐待？（如果是，你可能需要与专业人士探讨这个问题。）你是否曾被父亲、母亲、哥哥、姐姐或者其他亲人打过、踢过或推过？这种情况是不是经常发生？
- 你是不是受过性虐待？（如果是，你可能需要与专业人士探讨这个问题。）你是否曾被其他的家人触碰过私处、穿过暴露的服装、脱光被其他家人观看，或者在性方面常常被家人取笑？
- 父母是不是期望你满足他们的需要（比如，让你“安静”“把这个给我拿来”“做饭”“在我告诉你我的感觉不好时，听我说”）？与此同时，父母是不是经常拒绝满足你的需要（比如，说“没有时间”、不遵守承诺、在你受伤害的时候不安慰你、不让你吃饭或者不带你看医生）？

练习 3

- 你的家庭是否藏有什么见不得人的秘密？家人之间是否保守大量秘密，或者，家里是不是有一条规矩，规定不得和朋友谈论家里发生的大事小情？
- 你如今对这种遮遮掩掩的行为感觉怎样？
- 你是否出于害怕其他人想些什么而保守秘密？
- 你现在还藏着什么秘密？如果你的秘密被人发现了，你觉得会发生什么？

练习 4

- 你是不是尽自己最大的努力去做事，但总是发现自己依然做不好和做错？
- 家里是不是有哪位年纪大一些的成员坚持完美主义？

练习 5

- 你是否觉得自己什么事情都做不好，或者甚至不再被家人认可而放弃自己？如今，你的家人是不是还通过批评你而让你蒙羞？

练习 6

- 现在，你的家人是否仍是你心头羞耻感的来源？你听到一些什么说法？你的家庭成员做些什么让你产生羞耻感？你怎样应对？

第7章 当前令人羞耻的个人关系

几乎所有员工都喜欢在某家大型公司的某位特定经理手下工作。员工知道他会尊重和体面地对待他们，即使他并不同意他们的观点。反过来，他们也敬重他。他是那种从不侮辱或取笑员工的经理。

“我当时不得不结束那段婚姻。我的前夫批评我说过或做过的所有事情。如今，这个男人总是听我说话，从来不打断或嘲笑我。我觉得我的自豪感又回来了。”

“有时候，我怀疑整个世界是不是还有人关心我。没错，出现在我生活中的人很多，但他们总是希望我关心他们。当我有些什么事情需要别人的帮助，或者需要向他人倾诉我的感受时，他们仿佛全都人间蒸发了。我感觉我更像是他们的仆人而不是朋友。”

下面这种情况，只有在她外出和度假回到家后才会发生。她刚一打开家门，就开始觉得自己渺小，接着变得软弱无力，一阵阵地反胃。她今年35岁，但无法阻止那些曾经熟悉的羞耻感再度占据内心。她母亲说：“哦，你瞧你，看起来你长了好多肉啊，亲爱的。”

羞耻感萌发于婴儿时期，在家庭生活中累积，而且，如我们将在第8章中看到的那样，受到过度重视羞耻感的社会的激化。羞耻感的一个重要来源是个人关系。

人们面对自己生活中一些重要的人持续不断的羞辱指责，几乎没有人可以强大到完全承受这些。当别人不停地说他丑陋、无能、一无是处或者愚笨不堪时，谁又能说他真的感觉很好呢？当他听到的说法是他永远没有做到足够好，好到足以让家人、朋友或老板感到满意，谁又能感受到健康的自豪感呢？这个法则很简单：某人越是被人羞辱得厉害，将越发感到羞耻。

在羞耻感中长大的人通常相信，所有的个人关系，一定是以羞耻为中心建立的。要么，别人一定反复说他们的某些方面出了问题；要么，他们一定反复说别人的某些方面出了问题。以羞耻为中心的人难以想象个人关系还可以包含相互的尊重、尊严和自豪感。某个人遭受的羞辱越多，他将预料的羞耻感也会越多。

我们相信，每个人都有权利过上不产生过多羞耻感的生活。为达此目的，个人关系可以，也必须围绕着尊重来构建。

想到令人羞耻的个人关系，我们很容易产生强烈的感受。这里要再次提醒的是，你也可能反应强烈，特别是如果你现在就置身一种令人羞耻的关系之中。在阅读这一章时，记住以下这些想法。

- 首先，经常让你备感羞耻的人，可能并不知道他正在那么做（并非所有的羞耻情景都是有意的）。
- 其次，你可能既是受害者，也是加害者。这意味着，被他人羞辱的人，也可能常常将羞耻感散播给别人。在阅读这一章内容时，试着注意观察自己是怎样既成为受害者，又成为攻击者的。
- 最后，以羞耻为中心的关系是可以改变的。如果关系中的双方意识到这种关系中的羞耻感太多了，可以改变他们的行为。当涉及其中的每个人都了解问题是什么并致力于消除问题时，以羞耻为中心的个人关系也可以变成相互尊重的个人关系。

如何分辨你陷入了以羞耻为中心的关系

在以羞耻为中心的个人关系中，人们经常相互羞辱对方。这种关系中的羞耻感已经融入关系的构建中，以至于似乎变得正常了。相反，如果放下羞耻，反而变得不寻常。

以羞耻为中心的个人关系是什么样的？这样的关系有如下两种类型。

- 一种是**单向的羞辱关系**，在其中，大多数的羞辱由更强大的一方施加给不太强大的另一方。

- 另一种是**双向的羞辱关系**，在其中，两个人都主动地羞辱对方。

以羞耻为中心的个人关系的共同特点

羞辱者对他们正在羞辱的人过于苛刻。他们时刻保持警惕，并且迅速指出错误，利用对方的每一次错误（真实的或者想象的）来证明他们自己的“优越”。他们知道别人在哪些方面最容易受到伤害，出现了冲突时，便马上运用自己掌握的这一信息来攻击对方。（“这么做的都是坏人，这种人没资格教育我！”）他们擅长蔑视和鄙弃他们原本应该爱着的人。他们对伴侣的智商、常识和神智健康提出怀疑，以此来打击伴侣的独立性。他们强调别人的弱点，积极想办法贬低别人。简单地讲，羞辱者将身边的人尽可能地贬低，以便使自己感觉更好。

关系是当事者两个人的事情。以羞耻为中心的个人关系，总有这样一个特点：至少有一个人扮演着被羞辱的角色。这些被羞辱的对象不会去争辩，而是被动接受对方的批评和侮辱，或者，他们也许激烈地抗争，甚至竭尽全力羞辱其他的人。不论是哪种方式，他们依然深陷羞耻感之中，无法摆脱这种不好的个人关系，或者围绕自豪感、尊严和相互欣赏而重新构建个人关系。以羞耻为中心的个人关系围绕一条不成文的规定来构建，那便是：羞耻感是交流中的一个必要组成部分。

健康的关系

另一方面，健康的关系建立在相互尊重的基础之上。每个人都相互欣赏。实际上，用欣赏（appreciation）来形容，还远远不够；更合适的说法是：每个人都敬重对方。每个人都意识到对方内心的尊严。他们注意到自己觉察出来的善意，并且帮助创造那种善意。和别人建立了积极的个人关系的人，通常对自己和他人感到自豪。

你怎么知道你和其他人的个人关系是不是以羞耻为中心的关系？一个清晰的信号是，你觉得自己一般来说是胜任的、值得的，除非在某个特定的人到来时，你才变得不胜任、不值得。例如，某位秘书曾为好几任老板打过字，但她可能觉得，除了其中一位老板让她感到不胜任、不值得之外，其他的老板都让她对自己感觉很好。秘书害怕看见那位特定的老板，因为他只会批评她，并且要她做不可能做到的事。秘书永远都做得不够好，永远都不能让他满意——这无疑是一个触发羞耻感的因素。

请注意，我们强调的是接受方。许多人偶尔让别人感到羞耻。当某种个人关系中本身就包含羞耻时，真正的问题出现了。以羞耻为中心的个人关系是那些已经形成了羞辱的习惯并继续这种习惯的关系。

羞耻的征兆

如果我们经常被别人羞辱，可能产生了许多羞耻的征兆。这些征兆包括：

- 我们难以看着这个给我们带来羞耻感的人。
- 在这个人出现时，我们觉得非常渺小、软弱、暴露在他人面前，并且脆弱不堪。
- 我们在这种个人关系中相处的时间越长，对自己的感觉就越糟糕。
- 我们觉得自己的缺点太多，太不值得别人爱，以至于到了不配获得别人尊重的地步。自我羞辱的想法加深我们的羞耻感，直到最后，我们感到自己一无是处，不是一个完整的人。

在令人感到羞耻的个人关系中，人们通常觉得自己像个小孩，渺小而软弱。这也许是因为他们和小孩一样，都体验到同样的羞耻感觉：“我丈夫对我做的事情，和我父母对我做的事情是一样的——他甚至用我父母的口气和难听的话骂我。”有缺陷的信号以许多不同的形式出现。它们可能是：

- 类似于“你不值得爱”或者“你不属于这里”的说法。
- 抛弃的威胁和拒绝。
- 保守秘密。
- 身体虐待和性虐待。
- 完美主义。
- 过于担心在公众面前的形象。
- 讨厌的外表、感观或者被忽视。

所有这些因素，全都可能使两位有尊严的成年人之间健康的个人关系变成以羞耻为中心的关系，在后者中，至少有一位成员变得像小孩子那样。

不幸的是，一旦我们和别人建立了令人羞耻的关系，更容易将其他的关系也变得跟这种关系一样。这意味着，如果我们在以羞耻为中心的家庭中长大，在后来的人生中，我们可能被那些在家庭中羞辱地操纵家人的人“吸引”。它还意味着，即使是那些避免了像小孩那样感到羞耻的足够幸运的人，一旦他们发现自己和别人建立了羞辱的个人关系，也可能变成以羞耻为中心的人。起初，这些人可能只是觉得，只有在某个特定的人面前，他们才会感到羞耻。但一旦人们开始对自己感到羞耻，他们便失去了尊重他人的能力。到最后，许多人发现，几乎每一种重要的个人关系都是以羞耻为中心建立，难怪他们会觉得毫无希望。

通过羞辱别人获得的权力

当个人关系中的某个人运用羞辱他人的方式来增强或保持控制时，通常会产生羞耻感。举个例子，一个男人不断告诉他妻子，说她在床上的姿势很难看，没有任何男人会欣赏她，这打击了她对自己魅力的信心。一旦她开始相信自己的丈夫，便不太可能考虑以与自己丈夫平等的身份离开，或者，甚至觉得自己无法和丈夫平等地站在一起。这个男人越是羞辱自己的妻子，就越能从这种关系中获得权力。

类似这样的羞辱，可能是有意的，也可能是无意的。诚然，类似这些信号，并非全都出于有意打击他人自信的意图。尽管如此，当人们经常遭到别人羞辱时，被羞辱者会感到越来越弱小。单向的羞辱关系使得其中一个人控制着另一个人。

羞耻感也和暴力一样，可能沿着家人之间的权力链条而传递。家庭中最有权力的人羞辱第二有权力的人。第二有权力的人接着又羞辱权力不如自己的人，依此类推。比如，父亲羞辱母亲，母亲羞辱家中最大的孩子。

权力与羞辱他人的能力可能如影随形。权力越大，越有可能对他人进行羞辱的指责。当老板说员工很无知时，员工能说些什么或做些什么呢？不幸的是，有些老板确实认为他们有权羞辱员工。感到羞耻的人很少有足够的勇气来挑战那些有权的人，因为他们已经不再意识到自己内在的价值。

随着时间的推移，羞耻感增大了两个人之间权力的差距。当两个人允许其中一个人控制羞辱的过程时，刚开始时几乎平等的状态不会再保持下去。羞辱者将渐渐获得对两人之间的关系的控制。

有的羞辱者运用公开的羞辱来巩固他们的权力。这就是说，羞辱者在其他人面前公开指出另一个人的缺点。一位女性也许部分地出于无心或挫败感而强调她丈夫的笨手笨脚或者微薄的薪水。如果是频繁而公开地指责，则不只是这些意味，因为这样的指责可能使羞辱者显得更优越。在这个例子中，这位女性告诉别人，她比她丈夫更优秀，因为她有权力抱怨他的缺点。除非她丈夫可以直接地挑战她的指责，否则，她便获得了权力和控制。

单向的羞辱关系扭曲了人类的联系，而且对被羞辱者来说极具破坏性。羞辱者往往受的伤害小一些，因为他们控制了这种关系。但是，他们作为羞辱他人的人，也会有损失。他们失去了和他人之间深深的亲情或友情，同时继续保持着优越感，因而感到孤单。他们失去了那种建立在相互的尊重和体面基础之上的个人关系。羞辱者为拥有自己的权力付出了代价。

相互羞辱的个人关系

羞耻感不一定只是沿着一个方向来旅行；它通常是双向的。在这类个人关系之中，每个人都会抓住一切机会指责另一个人，甚至两个人还形成了比赛，目的是看哪个人能够最大限度地让另一个人感到困窘或者贬低另一个人。羞辱被用来作为这场比赛中的武器。

亲身目睹这样的羞辱大战，可能让人们感到害怕，因为他们看到的是两个试图毁灭对方的人。这种战斗持续的时间越长，双方变得越来越尖酸刻薄，到最后可能全然忘记了把握分寸和谨言慎行。相反，他们公开地宣布关于对方的、本该属于隐私的事情。一方可能对另一方取胜，但双方之间的信任被毁了。

在这种相互羞辱的个人关系之中，两个人都受到严重的伤害。随着双方的个性遭到对方的持续抨击，这种关系最恶劣的特点开始显现出来。双方拥有的尊严，在相互指责的汪洋大海中被淹没了。

有时，相互羞辱的夫妻在相处时只会变本加厉地羞辱对方。其中一个例子是“醉汉和责骂者”的游戏，在其中，醉汉喝得越多，责骂者便骂得越厉害；责骂者骂得越厉害，醉汉也喝得越多。最终，两个人都在蔑视对方。可能两个人都相信对方是羞辱者，他或她自己才是无辜的受害者。没有哪一方可以想办法摆脱这些极具破坏性的角色。

相互羞耻的个人关系中的主题是蔑视。人们在这种关系中相处的时间越长，便会越来越不尊重对方。他们还可能为了参加这种每天都进行的羞辱大战而开始看轻自己。**我怎么会陷得如此之深？听到自己在这样责骂他，我痛恨自己，我知道我在伤害他，就跟他在抨击我时对我的伤害一样。**只有羞辱者才可能停止这种猛烈抨击。不幸的是，她可能不会停止羞辱，因为她觉得，她得防御他的羞辱抨击。被羞辱的受害者可能也抨击羞辱他的人，以此作为防御。于是，羞辱招致了羞辱。

羞耻感可以将两个人锁定到持续的冲突之中。他们中没有哪个人将结束这种羞耻的关系，因为那将意味着最终的失败。他们相互羞辱的战斗会在两人的筋疲力尽中结束，任何一方都不是胜利者。休战会变得越来越难，因为两个人都觉得，当他们放下羞辱对方的武器时，会显得自己这一方太脆弱了。如果这些人不再互相羞辱，也许他们之间根本就没有任何个人关系。羞耻感本身变成了将他们黏合在一起的黏合剂。

在并非亲密的个人关系中的羞耻感

上一小节中的大部分例子指的是亲密关系中的人。在各种各样的并非亲密的个人关系中，羞辱也是一个重要的问题。当某个人比另一个人更有权力时，单向的羞辱关系最为常见。典型的例子有：

- 老板 / 员工
- 父母 / 小孩
- 哥哥姐姐 / 弟弟妹妹（甚至是已经长大的孩子）
- 老师 / 学生
- 组织中经验丰富的成员 / 新来者
- 有些朋友关系，其中的某个人明显拥有控制权

双向的羞辱最频繁地出现在同样有权的两个人的关系之中，比如：

- 工作中的同事之间
- 关系变得紧张的朋友
- 敌对的兄弟姐妹

不论羞耻感的来源是什么，羞辱的指责通常会给人们带来伤害。许多人和我们谈到过，他们试图让自己确信，绝不能让自己在这些情形中受到伤害。他们可能说："毕竟，这只是工作而已。没错，我的同事总是侮辱和取笑我。但我绝不能让自己产生羞耻感。"我们认为，不论什么时候遇到羞辱，都必须承认内心的羞耻感。如果一个人在别人有意羞辱他的时候事实上受了伤害，他必须承认。几乎没有人可以十分确定，他们在遭受到别人的羞辱和指责时能够完全不受伤害。在并非亲密的个人关系中出现的羞辱，尤其是当它具有经常性和反复性的特点时，绝不能小看，因为它可能跟亲密的个人关系中出

现的羞辱一样，对人们产生破坏。

小结

羞耻感具有侵蚀性。它吞噬一个人的尊严、骄傲和自尊。不幸的是，许多人深陷以羞耻为中心的个人关系之中，每天都面临着被羞辱的情景。这些关系可能是单向的，也就是说，在这种个人关系中，只有一个人羞辱另一个人。单向的羞辱通常发生在当一个人对另一个人具有权势的时候。双向羞辱的个人关系发生在双方都活跃且经常地羞辱对方之时。这些人好比在进行一场羞辱比赛，以更加贬低对方为目的。

令人羞耻的个人关系剥夺人性。**我们所有人都值得别人体面地对待，不论我们与那个人的关系具有什么样的特点。别人同样也值得我们尊重。**任何以羞耻为中心的个人关系，都会侮辱其中的参与者。

练习

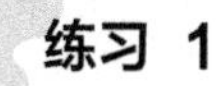

练习 1

令人羞耻的个人关系建立在反复的、常规性的行为之上，这些行为发出的信号是：某个人存在某方面的问题。运用下面这个清单来评估你与某个重要的人的关系，在描述正确的每一项表述之下画一条线。

这个人

- 明说或者暗示我肥胖、丑陋、愚蠢、不好、无能、不胜任、不值得爱或者毫无价值。

- 责骂我。
- 嘲笑我。
- 忽视我，仿佛我说的或做的事情不重要。
- 经常批评我的品位和选择。
- 十分频繁地批评我做的事情以及做事的方法。
- 在别人面前批评我或取笑我。
- 说我不像其他人那么好。
- 说我给人的感觉是愚蠢、不相关或者不重要。
- 说他或她比我优越。
- 打、推、掌掴、踢打，或者以其他方式从身体上虐待我。
- 经常表现得对我失望、生气或者厌恶。
- 说我很古怪或疯狂。
- 拒绝触摸我，或者只为了性或惩罚而触摸我。
- 说我应该去死、消失、自行了断，或者走失。

现在，看一看你自己对这个人的行为。太多的时候，令人羞耻的个人关系是那种双方都羞辱对方的关系，每个人都只看到另一个人在做错事。因此，将这种关系倒过来，再来观察一下上面的这份清单，同样在每一项正确的描述之下画一条线。但在这么做的时候，要有清醒的自知，并且诚实以待。

- 我明说或者暗示这个人肥胖、丑陋、愚蠢、不好。
- 我责骂这个人。
- 我嘲笑这个人。
- 我忽视这个人，仿佛他或她说的或做的事情不重要。

- 我经常批评这个人的品位和选择。
- 我十分频繁地批评这个人做的事以及他或她做事的方法。
- 我在别人面前取笑这个人。
- 我说这个人不如其他人那么好。
- 我说这个人给人的感觉是愚蠢、不相关或者不重要。
- 我说我比这个人更优越。
- 我打、推、掌掴、踢打，或者以其他方式从身体上虐待这个人。
- 我经常表现得对这个人失望、生气或者厌恶。
- 我说这个人很古怪或疯狂。
- 我拒绝触摸这个人，或者只为了性或惩罚而触摸。
- 我说这个人应该去死、消失、自行了断，或者走失。

练习 2

取一张单独的纸，做下面这些练习：

朱迪和雷伊是一对结婚两年的夫妻。朱迪来自一个事事讲究完美的家庭，在那里，她了解到，羞辱可以让人们持续掌控局面。朱迪说，雷伊应该帮她洗碗，但当他洗了碗时，她却因为他没有先洗玻璃碗、没有以特定的方式漂洗盘子、没有“正确地”用力擦洗平底锅而羞辱他。每次他在洗碗时，她似乎总能从他做的事情中找出一些缺点。同样的事情发生在他打扫客厅的卫生、洗衣服或者开车时。

你觉得雷伊对他自己的感觉怎样？他对朱迪的感觉又怎样？朱迪对她自己的感觉怎样？对雷伊的感觉又怎样？

- 列举任何一种单向的羞辱关系，在其中，你是那个被羞辱的人。
- 列举任何一种单向的羞辱关系，在其中，你是那个羞辱对方的人。
- 列举你涉及其中的任何一种双向的羞辱关系。
- 你有没有发现这些关系中的任何规律？写下你的观察结果。
- 现在，列举你涉及其中的任何一种不加羞辱的个人关系。
- 这些不加羞辱的个人关系，有着怎样的不同？
- 列举你羞辱他人的主要方式。

第8章 文化中的羞耻

仅仅是看起来与众不同，起初还不算太坏。但是，被其他孩子怒目瞪视、言语责骂、取笑嘲弄、丢在一边等，却令人恼火。他长得越大，便会越频繁地接收到这样的信号：他（以及和他那样的其他人）不是很好，一定不是别人想要的那种人。他变得怨恨和愤怒，把别人推在一边，开始在内心恨自己。他开始玩命表演一些危险的绝活，把自己逼得越来越厉害，仿佛逼到悬崖边上，以证明自己是个足够好的人，可以视为一个真正的人。

“我还是个孩子时，从父母那里得到的信号是，**你可以做你想做的任何事情，因此，你要想尽一切办法向顶峰攀登！**后来，我的教练告诉我，得第二名和得最后一名没有两样。现在，我的同事对我

很友好，但和我在销售中展开残酷激烈的竞争，在晋升方面的竞争甚至更加恶劣。要保持第一的压力，大到无法想象。”

“我觉得，教堂的作用应当是帮助人。但有时候，我只记得自己收到的无穷无尽的信号，表明我很坏，我要下地狱。在我上过的那所宗教学校中发生的惩罚和侮辱让我确信，如果有这么多的人认为我事实上很坏，那也许我真的很坏。我依然难以相信。有些日子，我感到比内疚更糟糕——仿佛我真的不属于这个地球。我觉得自己内心深处很不干净。”

多年前，她作为一个从学校毕业的年轻的女服务员，了解到自己不得不忍受那些顾客做出的关于她的身体和性生活的许多评论。但她是从一所严格的商学院以优异成绩毕业的，然后参加了工作，于是暗下决心，要为自己的决定和能力找回尊重。

如今，她成长为一名管理者，有时候获得了人们的尊重。但当她必须运用自己的职权来做出艰难的抉择时，她知道手下员工会对她进行恶毒的取笑，称她是“一个婊子”。她希望员工只把她看成是老板，而不总是一位“女老板”。

有时候，美国社会无意中助推了羞耻感。我们极力推崇成就，以至于许

多人即使极其成功，也觉得像是失败者。此外，虽然我们声明一种不令人羞耻的信念，即“人人生而平等”，但我们往往将人与人之间的差异详细描述为负面的品质，使得人与人区分开来；而不是详细描述为正面的品质，使得所有人的人生都变得更加丰富。结果，那些“不同”的人和群体，有时被视为“不好的”或者“不是足够好的”，而不是被视为一个极具多样性的社会的潜在推动群体。

美国媒体往往注重形象和外表。虽然我们赞扬个性，但我们的社会给每个人施加了压力，要求我们遵从一种更加同化的外表和行为标准。当我们完全不符合那些标准时，就可能贬低自己的价值。我们可能由于自己或者他人没能达到那些合适的、狭隘的社会标准而让自己或他人感到羞耻。

清晰观察我们当今的社会如何强调和催生羞耻感，可能有助于我们意识到自己内心和社会中羞耻感的来源。通过这种清晰的观察，我们可以围绕自己想在社会中扮演怎样的角色更加自由地做出决定。

以成就为导向和羞耻感

当我们将“做最好的自己”与“做所有人中的最好”相混淆而期待完美时，便向社会贡献了一份羞耻感。美国人可以被称为“竞争的个人主义者”，因为我们了解到，个人的成功主要通过个人的努力而得来，不是通过社区的努力得来。可以想见的结果是，我们中的某些人将感到一种残酷的压力来证明我们确实比别人更优秀，以便认为我们自己“足够好”。

当我们学会了把家人、邻居、朋友、爱人、队友等人作为竞争对手加以重点关注，不能轻松和自由地欣赏他们的成功，这种心态尤其有害。当我们所有人都成功时，我们变成了一个成功的社会中的一分子，自豪感与时俱增。但是，若我们仅仅通过竞争的双眼来看待他人的成功，将体会不到那种自豪感。我们可能嫉妒他人，或者感受到更大的竞争动力，或者由于我们不如别人那么好而直接羞辱我们自己。因此，我们无法继续我们自己有益的努力。

我们可能采用这里介绍的一些方式，运用整个社会中以成就为导向的标准，让我们自己体会羞耻：

- 即使我们不适合某个特定的岗位，也一定要得到那个岗位。
- 对朋友们占有的物质保持警惕。
- 持续不断地与我们的伙伴争辩，因为我们必须赢。

另一方面，我们可以采用很多的方式来欣赏和喜欢生活在我们附近的人，包括放松、做好我们自己、足够地关心他人，等等。我们可以既“站在他们那边”，也“站在我们自己这边”。

对卓越和才干的追求，可以为某个人看起来空虚和毫无意义的生活带来丰富的目标与价值。只要我们记住，我们的目标是追求才干，而不是成为名声和财富都胜过他人的明星，那么，对卓越的追求甚至还很有意思。只要我们记住，和其他人竞争并不一定意味着要证明我们不择手段达到目的的合理性，那么，对卓越的追求还可能是尊重他人的。健康的竞争包含了自尊以及对他人的权利和能力的尊重。

从众以及聚焦形象和外表

我们大多数人都希望在自己的朋友、家人和熟人眼里看上去很好。我们也许通过“正确的”穿着和行为，或者遵从身边人的生活方式来获得人们的认可。当我们看起来与众不同或显得特立独行，因而与周围的人产生差异时，或者当某位好友或家人表现了一种我们认为不恰当或违反常规的行为时，我们可能感到羞耻。

在一种外表意味着一切的氛围之中，过多的羞耻感会日积月累，这种羞耻的威胁，促使个人遵从（或者假装遵从）公众的期望。有一次，我们见过这样一位母亲：她女儿高烧 40 度，但她不是立即把女儿送到医生那里，而是先给女儿换上最漂亮的衣服，目的是在医生面前保持一位好妈妈的形象。有些人很害怕别人看到他们家里的不完美的地方。

另一些人尽管自己讨厌喝酒，但由于别人劝他喝酒，因此也会喝一些。有的人似乎“把生活安排得井井有条”，但他们内心真正感到困惑和痛苦，不过，他们这样做，为的是不让任何人看到他们戴着的面具。也许他们担心，如果有人发现他们不像社会期望的那样完美，便会感到羞耻。还有的人对自己感到很满意，但他们希望可以将自己的家人藏起来，因为那些家人不符合适当的形象。

过多的羞耻感还会在另一种氛围中不断滋长，那种氛围便是失去了适当的隐私感的氛围。新闻广播经常播放一些关于深陷巨大情感痛苦的人的特写故事，将某个深感悲伤的人的感觉展示出来，供所有人观看。当我们把更加隐私的行为突然之间全都暴露在人们面前，供人们仔细察看时，显然是有危险的。羞耻感必然与这种危险相伴相随。

我们很多人渴望被人们所接受，于是可能过于遵守社会的要求。我们学会了当人们期望我们微笑的时候微笑；学会了告诉别人我们感觉很好，不是在寻求帮助；学会了谨慎地像其他所有人一样生活，有时候甚至开始想着像其他所有人一样来思考！为了避免受到羞耻的威胁，我们高度注意维护自己的形象。

我们可能还坚持要求朋友和家人不但看起来和其他所有人一样，行事也和其他所有人一样，而不是接受他们的古怪行为，或者允许他们在成长过程中向世界展示他们健康的差异性。我们变得极其害怕他们赤裸裸地展示我们不好的一面，以至于无法给他们一定的自由来探索他们自己到底是什么样的人。

在这里，我们并不是说遵从是坏事。但我们有些人担心，缺乏遵从有可能令他们产生羞耻感，而过分地着眼于避免任何可能的羞耻感，使得他们可能与他们自己的内心世界脱节了。当我们太长时间戴着面具时，有时候甚至忘了，我们原本可以将面具摘下来。这样一来的危险在于，我们将会忘记，身为人类，我们每个人都是独一无二的，有时候是“乱七八糟”的；我们可能忘了“家家有本难念的经”，各家都有各家的问题，而我们可以通过信任他人、与他人分享等方式来解决我们的问题，过上更幸福的生活。减少羞耻感的一种方法是在安全的环境中向别人透露我们的问题。如果总是担心自己的形象，只会增加羞耻感。

偏见和歧视加剧羞耻感

不论什么时候，只要人们相信他们天生就不如其他人那么好，羞耻感便会油然而生。当某个群体从整体上将某些个人视为不如大多数人有价值时，社会羞耻便出现了。受到歧视的群体成员可能竭力摆脱那种羞耻的感觉，但许多人到最后认为他们不属于或不能完全属于这个群体。

偏见和歧视通常被一些社会信念所支持，这些社会信念由许多人认为“正确的”或者“合理的”想法构成，即使这些人实际上并不正确。有时，受歧视群体恶劣的经济条件，使得那些信念似乎比它们事实上的更加准确。某位老板没有从某个那样的群体中招聘某个人，因为老板觉得“那些人就是懒”，到最后老板可能确信那个人确实看起来很懒。如果被歧视的人失去了希望，可能陷入绝望和抑郁之中，并且失去了必要的动力来继续保持自己的价值感和受人尊重的感觉。他甚至开始相信他本人的某个方面出了问题，然后开始对自己感到羞耻。

在某种程度上，我们很多人都可以归入到某些受歧视群体之中。有些群体通常接收这样的信号：和其他群体相比，他们是有缺陷的、不足的。受歧视的群体包括：

- 女性
- 老年人
- 肥胖人士
- 酗酒人士
- 肢残人士
- 黑人
- 西班牙裔
- 阿拉伯人
- 本土美国人
- 穷人
- 犹太人
- 最新的移民，尤其是亚裔
- 农村人
- 青少年
- 具有东欧血统人士

- 双性恋或同性恋人士

这些群体中的某些，一定会比另一些面临更深的歧视。尽管如此，对属于这些群体中任何一个群体中的个人来说，羞耻感也许是他们人生体验中的一部分。

社会羞耻可能以嘲弄、取笑和威吓的形式出现。或者，它也可能更加微妙，比如贬低他人的笑话，不停地指出人们怎样达不到要求，并且可能以一种假设的形式出现，假设来自受歧视群体的某个人不可能像其他人那样优秀。当某个人或某个群体由于一些不可能改变的事情而受到羞辱时，这种经历可能造成被羞辱者勃然大怒。

我们可以拒绝让自己产生社会羞耻，并且冒一定的风险来为那些遭到社会羞辱的人提供支持，从而部分地抵消社会羞耻。我们可以学会欣赏人与人之间的差异，让别人知道我们想去探索他们是什么人，而不是根据外表或者先入为主的错误想法来评判他们。我们可以大声反对我们看到的羞耻现象。除此之外，我们可以更好地理解我们自己能够怎样融入被羞辱的群体，并且接受社会羞辱对我们自己产生的影响。我们可以教自己和孩子们辨别社会羞耻，并且自己不成为制造社会羞耻的人。

机构的羞耻

工作场所、教堂和学校之类的机构，其职责是使生活变得有秩序，让大家都井井有条地生活。这些机构建立的目的是保证人们的尊严。但是，当它们组织的方式是用蔑视来对待其中的个人，而不是提供强大的目标和适当的界限时，那么，它们也能加深某个人的羞耻感。

工作场所

人们的工作可以成为深入内心的尊严与荣誉的来源。但是，有的工作组织将员工视为可有可无的“物体”；另一些组织运行时好比强横的、令人羞耻的家庭，或者是不要脸面的官僚机构。某位高管可能在 60 岁时被他的公司解雇，这样一来，公司便不必支付他的退休金。某位蓝领工人也许被其他人替代，只能到一家非工会的工商机构工作，拿到的回报只有以前的一半。有时候，管理人员对员工动辄辱骂、恐吓和骚扰，并且威胁说，如果员工胆敢不遵照他们的意愿来做，就会被扫地出门。在工会会员已经深深扎根的组织中，工会可能要求其工人不尽自己的全力工作，以降低组织竞争的标准。

被视为物体的人通常陷入深深的痛苦；他们可能开始觉得整个人生都毫无用处。有些人将他们承受的羞辱和产生的暴怒情绪带回家里，发泄到家人身上；另一些人则自暴自弃。以羞耻为中心的工作场所，就和以羞耻为中心的个人关系那样，可以也应当得到解决。有时，在工作中持续被别人羞辱的人，可能被迫寻找另一种有益于自身心理和情绪健康的工作环境。

教堂

羞耻感包含一种精神上绝望的感觉。深感羞耻的人通常觉得极其孤单，被上帝和普通人孤立。有组织的宗教活动可以为感到羞耻的人带去安慰，并指引他回到精神交流中来，帮助抚平这类创伤。不幸的是，教堂也可能加深某人的羞耻感。

有时，有组织的宗教活动还可能加剧许多人遭受的性羞辱。当人们告诉孩子，他们是肮脏的、所有与性有关的想法都是罪恶的时，孩子长大成人后可能鄙视自己的身体。他们可能无法辨别健康的和不健康的性活动之间的区别，因为不论什么时候，只要他们察觉到自己的性冲动，便会感到羞耻。当一个人不能对自己作为一个完整的人而感到自豪时，他的性身份认同可能遭到破坏。

大部分的工作场所、学校和教堂都不应当是令人羞耻的。但是，由于这些机构对我们人生的影响极大，并且为我们设立了一些标准、占据了我们大量的时间，所以，我们需要清醒地认识这些机构中产生羞耻感的危险。最健康的企业、学校和教堂致力于尊重参与其活动的人，知道尊重人们的尊严，可以让人们更多地参加活动、对其忠诚、为其工作。也许，我们可以在这些地方找到更多的方法来鼓励相互的尊重与敬重。

小结

我们描述了美国社会中加剧个人羞耻感的四个方面。它们是：①无情地坚持追求成功的压力；②过于注重形象和外表；③偏见与歧视；④机构中的羞辱。

我们相信，每个人都可以通过自己做出的选择影响社会。我们能够以一种重要的方式减小羞耻感，从而有益于社会，这种重要方式是人与人之间经常地、持续地相互尊重。我们还可以学会更加清晰地了解，人与人之间以及他们所做各种事情之间都各不相同，并不一定是一件坏事。我们可以勇敢地做我们自己。

练习

练习 1

绿湾包装工队（Green Bay Packers）[㊀]已故橄榄球教练文斯·隆巴迪

㊀ 一支位于美国威斯康星州绿湾市的美式橄榄球球队。——编者注

（Vince Lombardi）曾说过："赢不是最重要的事。它是唯一的事。"这种态度暗示，那些没能成为赢家的人就是输家和失败者。这类以竞争的眼光聚焦于成就的做法还暗示，我们必须在各方面都做到最好——最好的员工、学者、父母、配偶、孩子、爱人、饮酒者、运动员，诸如此类。仅仅做一个只擅长某些事而不擅长另一些事的普通人，就是一种失败。隆巴迪的这一说法，在你身上有着怎样的体现？

练习 2

当形象和外表变得最为重要时，我们学会了将真实的自己和真实的感受掩盖起来。我们有些人戴着标准的面具，另一些人则更加经常地更换面具。找一些纸和一盒蜡笔或记号笔。在桌上放两张纸，在其中一张纸上画出你现在正戴着的面具，或者你最近在某个人面前戴着的面具。画好了面具后，拿出第二张纸，画一下在那副面具之下你的真实感觉。别担心你画不好——这个练习只为了帮助你以不同的方式体验自己的感受。

练习 3

这里是一个列表，列举了某些被别人贴上了标签、歧视和取笑的群体。如果你想到了其他更多这样的群体，可以添加进来。看一看你属于哪些群体。在你可能对其产生偏见的群体之后画个圈。要做到诚实。

女性	接受救济人士	超重人士	虐待受害者
黑人	青少年	离异人士	长头发男人
西班牙裔	智障人士	身材短小人士	你觉得古怪的人

（续）

土著美国人	受情绪困扰人士	重生的基督徒	被毁容人士
犹太人	癫痫患者	无神论者 / 不可知论者	带口音人士
同性恋者	你认为没有魅力的人	知识分子	天主教徒
残障人士	单身父母	新教徒	酗酒者

如果你是这些群体中某个群体的一员，将对你产生怎样的影响？你是否感到自己受到了别人不尊重的对待或歧视？别人是怎么不尊重你或歧视你的？你对自己的感觉又如何？

选择一个你对其存在偏见的群体。下决心今后尊重、平等和耐心地对待这些人，并且更好地了解他们。选择一个你和其成员有联系的群体，以便你可以练习这种新的行为。

练习 4

在一张单独的纸上列举出你碰到过的被羞辱的任何体验：

A. 在教育领域。

你怎样改变了自己的教育，使得这种羞耻感减弱？

B. 在工作领域。

你怎样变换了自己的工作，使得这种羞耻感减弱？

C. 在宗教领域。

你怎样转变了自己的宗教，使得这种羞耻感减弱？

第9章

我们怎样羞辱自己

他总是感到自己不同。他在演讲时出现了轻微的口吃，几乎无人发觉，但他自己无法在脑海中忘掉这回事。如今，他想方设法注意自己所说的一切，在不得不说话的时候，总是缓慢地、小心翼翼地说，通常什么也不说。他很确定，如果他在说某句话的时候结结巴巴，人们会取笑他。他把自己的问题当成一个秘密加以保守，即使对自己的好朋友，也严守秘密。

“我用最恶毒的话骂我自己。有时候是因为我犯了一个错误，或者说做了一件很笨的事情。还有些时候，我根本没做我可以想到的任何坏事。我听到有个声音从内心深处朝我大喊，说我是这个地球上最悲惨的人。其他骂人的话不宜在这里说出来。我觉得我充满了

自我憎恨。”

他陷入了一个恶性循环。他对自己感觉越糟糕，便越长时间待在家里。他越长时间待在家里，便对自己的感觉越糟糕。他知道这种情况正在发生，因为他过去遇到过许多次。尽管如此，他无法逼迫自己打电话给朋友。他内心充满了羞耻感，以至于觉得，即使是朋友，也会离他远远的。

“我感到彻底的空虚——毫无价值、一无用处。我的人生失去了意义。我为自己确定的目标，没有人可以实现，接下来，我对自己的失败感到绝望。不论我做什么，永远都不可能做到足够好，以便让自己高兴。有趣的是，所有这些压力，都是我自己施加给自己的。没有人对我感到不满意。为什么别人能够对自己满意，我却不能？”

每个人都时不时地羞辱自己。毕竟，羞耻感是生活的一部分，适当的羞耻感有助于情绪上的成长。然而，深感羞耻的人内心充斥着羞耻感，以至于经常用这一武器攻击自己。这些人真的可以称为**以羞耻为中心**，因为他们透过自己的羞耻感来回应这个世界。他们遭受了太多的羞辱，似乎不论他们走到哪里，这种感觉都和他们如影随形。

以羞耻为中心的人预料其他人会对他进行批评和投来蔑视的目光，以确信他的坏。不过，其他人的响应，通常与以羞耻为中心的人并没有关系。至关重要的在于，这个人不断地在内心说自己不好。他猜想别人会确认他的羞耻，主要是因为他深信，他们会以他看待自己的方式来看待他。即使是在表扬和接受面前，这个人也不会迅速改变他的自我认知。他顽固地坚持这样一个观点：自己在某些方面出现了一些根本性的问题，自己愧于为人。

自我羞辱作为“自动冒出的”想法

以羞耻为中心的人将羞耻感带到他的内心深处。他以为，即使自己通常没有去想这件事，也是一个令人羞耻的人。并不是他每天都在问自己是不是想被别人羞辱。也许，如果他真的有选择的话，宁愿看到自己是一个胜任的、值得表扬的人。问题在于，他并没有那样的选择。他的羞耻感是自动冒出的，因为这已经深深嵌入到他的思考习惯之中了。

在本章开篇的例子之中，持续责骂自己的那个人例证了这一模式。那个人内心深处的自我憎恨和自我厌恶时不时被激发。他最终毫不怜悯地攻击自己。每天他都盯着自己的失败和不足之处，让自己重新确信自己有缺陷。这些想法是自动冒出的，它们是一些思考习惯，并不需要有意识的决定。以羞耻为中心的人羞辱自己时，就像系鞋带或者开车一样简单，完全不需要经过大脑的思考。他就是那么做的。他的羞耻感成为一种反思行为，但大多数的这种行为发生在他的脑海之中。

“当然……”这个句式可能是这种自我羞辱的思维习惯中的一个共同点。

- “当然，我很愚蠢。”

- “当然，我的主意毫无价值。”
- “当然，没有人爱过我。”
- “当然，我很肮脏，令人厌恶。”

这些令人羞耻的想法在这个人的脑海中出现时，他不会去质疑，因为他已经让自己相信这些想法就是真的。他的羞耻感是他的身份认同中的一个重要部分。

这加深了以羞耻为中心的人的精神绝望。当他的思维不停地告诉自己，说自己已经坏透了时，他不可能看得到自己好的一面。只要他继续沿用这些思考习惯，就会继续憎恨自己。

习惯性的回避和孤立

当人们给自己发出这些羞耻的信号时，他们的活力会逐渐丧失。有的人给自己发出了太多的这类信号，以至于不停地在他人面前回避，或者不肯参加健康的活动。只要他们相信自己可能再次做错什么事情，就会停步不前，或者做好回避的准备。

艾伦的故事展示了一个深感羞耻的人可能怎样失去参加建设性活动的积极性。艾伦是位30岁的女性，有着长时间酗酒的历史。一次，她参加了一个药物依赖的门诊治疗计划，刚加入时，治疗效果十分不错。她做到了有节制地饮酒，并在治疗计划中工作很努力。在此过程中，艾伦感受了健康的自豪感，开始对自己可以在治疗结束之后依然保持有节制饮酒抱有希望。但这种成功的想法对她来说很艰难。原来，她在参加治疗之前，觉得自己以前努力做的所有事情都失败了。所以，在没有太多预警的情况下，她发现自己以前那种自我羞辱的想法又回来了。

艾伦，你哪怕一件事都做不好。这个世界上没有一个人爱过你，为什么你要费尽心力地保持清醒呢？你不配过上好日子，因为你就是一个糟糕的人。为什么不敢承认你自己毫无希望，并且保证以后不玩游戏呢？你也可以一醉方休——没有人会管你的。

艾伦对这些想法太熟悉了，熟悉到自己都不想劳心费力地与之抗争的地步。相反，她接受这些想法，在即将完成治疗计划几天前，不再接受治疗。到最后，她又开始使用药物，并且明确告诉自己，自己就是一个失败者。她那习惯性的羞耻感再度显现，导致她再次退缩并孤立自己。

不完美主义

感到羞耻的个人通常有一些完美主义的性格特点，尽管他们在内心深处是不完美主义者。若某人邀请同伴来家里，在同伴到来之前，房子必须打扫得一尘不染；某个项目还有一些瑕疵，所以永远也没有做完的时候；某个人为了把任务做到尽善尽美，在别人都回家后依然长时间待在工作岗位或者学校。看起来，感到羞耻的人一定对他自己的成就怀着极大的自豪感。

不幸的是，产生了过多羞耻感的人不会预料自己能胜任工作。他们不相信自己足够好，好到能把工作任务漂亮地完成。驱使他们无情地投入到工作中的动机，是对失败的担心。例如，某个人花了几百个小时来制作一个漂亮的柜子，但由于他注意到柜子的某个瑕疵，并且无法接受这是人为的错误，因而一直在地下室里继续精雕细琢。那个唯一的瑕疵告诉他，整个柜子再怎么漂亮，也是一个失败的产物，而造出一件有缺陷产品的人，本身也一定是有缺陷的。

以羞耻为中心的人真的是不完美主义者，因为他们时时刻刻都知道他们的缺陷。他们认为，即使是微不足道的错误，也证明了他们的无能。因此，他们回避那些可能犯错的活动，或者试图在他人面前掩盖自己的错误。他们可能害怕被别人盯着看，因为他们相信，别人也在看他们错在哪里。

以羞耻为中心的人不会真正对他的行为感到自豪。他最好的心态是希望自己能有一种松一口气的感觉："哟，我总算又通过了一次测验，得了个 B+ 的分数。那位老师也许不怎么能干。他甚至没有指出我的拼写错误。对于那个错误，要是我给自己打分，会打出低得多的分数。"

这里的目的是避免被羞辱。不过，他也许轻易地复述自己失败，却可能难以记得自己的成绩。此外，他的失败看起来永远伴随着他，不论他做什么，都无法救赎。而他的成功看起来却是短暂的，可能转瞬即逝。羞耻感始终没有远离他。

羞耻感和内心深处的自我憎恨

不可能消除的羞耻感会逐渐转变成自我憎恨。好比这个人的灵魂深处有一个"黑洞"，它将他的美好永远地吸走了，留下了厌恶和蔑视的残渣。他只想着自己内心的坏，却没有想到自己人性中的美。他看到的是丑陋而不是美丽、羞耻而不是尊严、软弱而不是强大。

自我憎恨并不微妙或复杂。我们发出的信号是基本的、粗鲁的。它们可能包括脏话和贬斥。**你就是垃圾，除此之外什么都不是，或者，你永远不可能做好任何事情。**

所有人都可能体会到羞耻感和自我憎恨，它们不只是属于极度羞耻的人。但是，我们大多数人可以学会用内心发出的信号来抵消我们的羞耻感，那些信号在告诉我们，我们是好人，是有价值的人。

小结

在本书的这一部分，我们描述了羞耻感的五个重要来源。一个想要完全了解羞耻感如何影响他的人，需要考虑：①他的生物学因素；②家庭起源；③当前的个人关系；④他所处的文化；⑤他的思考与行为习惯。

当我们关注我们怎样羞辱自己时，我们不必等待别人做出改变，而是自己为自己的行为负责。

我们相信，对每一个人来说，羞耻感都不必是一种永久的状况。有些人确实需要了解如何欣赏和尊重他们自己。将羞耻感深埋内心的人需要极为耐心，因为他们得慢慢治愈过多羞耻感造成的精神创伤。恢复是一个渐进的过程，并不见得总是平稳推进。毕竟，感到羞耻的人必须让他自己内心充满希望（才能治愈羞耻感带来的创伤）。希望是一剂解药，专门解决自我羞辱和自我憎恨的人的绝望，而且，希望是治愈的关键。

练习

练习 1

这里是感到羞耻的人通常告诉他们自己的一些想法。缓缓地从头到尾读一遍，在每一个你曾用来羞辱自己的词语上画个圈。

我**有缺陷（不健全、很蹩脚、是个错误、有瑕疵）。**

我肮脏（丑陋、不干净、充满污秽、不纯洁、令人厌恶）。

我愚蠢（笨手笨脚、可笑、疯狂、混蛋）。

我不胜任（不是足够好、毫无用处、不称职、无能、没有一技之长）。

我不值得爱（不被人欣赏、不被人看重、不被人关心、不值得拥有）。

我活该被人抛弃（忘记、不爱、单独留下）。

我坏（糟糕、可怕、邪恶、可鄙、讨厌、是垃圾）。

我令人同情（值得怜悯、命运悲惨、微不足道）。

我什么都不是（空虚、毫无价值、被人无视、没人关注、不重要）。

我活该挨批评（被人谴责、不被认可、遭到打击）。

我感到羞愧难当（尴尬之极、被羞辱、万分窘迫、丢脸至极）。

我软弱（渺小、无力、孱弱、衰弱）。

我不应该活在这世上（存在、占据空间）。

列举你应对起来最为艰难的或者你希望首先改进的三四个信号。在同一张纸上列出你需要学会做出的新的声明。例如：

旧的声明	新的声明
我不可爱	我很可爱
我软弱	我强大

经常向自己确定你要做出的某一项新的声明。把它写在你的手心，并且写在一张小纸片上，再把纸片放在口袋里；把它粘在汽车的遮阳板上；把它打印出来，贴在浴室镜子上；把它写好，粘在冰箱上。每次你看到它、感受到它或者记起它，便对自己声明一遍。当你看到这个新的声明，而身旁又没有别人时，大声读出来。持之以恒地坚持，在至少两星期内尽可能频繁地念叨着它。然后，把你的结果写在一张单独的纸上。

练习 2

下次你感到自己由于羞耻感而要回避时，尽管回避——但只回避五分钟。看着时钟，过了五分钟后，让你自己和别人联系，要么面对面交谈，要么打个电话。(如果你既不可能和别人见面交谈，也不可能打电话，那就写封信。) 至少10分钟保持这种接触。即使和他人接触让你感到很难，也要坚持下去。不论什么时候，只要你内心的羞耻感让你想着退缩，就学着使用这种方法。当你想去寻找某个人，以便在这些时候与他或她保持联系时，别去找经常羞辱你的人。不停地尝试，即使这种过程起初让你感到不舒服。

练习 3

以羞耻为中心的人很难接受自己。当我们还是孩子时，有时候会找来一个洋娃娃、一个毛绒玩具或者一只宠物，让它们来接受我们本人。我们觉得，喜欢这个物体或这只动物更安全一些，因为我们知道它不会批评我们，也不会盯着我们的缺陷。我们长大成人后，通常会忘记我们自己身上这些容忍和接受我们自己的部分。这个星期去买些东西，让洋娃娃或者毛绒玩具“选择你”当它的朋友。把它带回家，让自己看着它、抓着它，甚至跟它说话。在没人看见的时候做这些。让你自己在和这个毛绒玩具玩的时候稍稍可笑一点，因为它不会批评你。然后，把你的感受写下来。

LETTING
GO OF
SHAME

第三部分 治愈羞耻感的创伤

在这一部分，我们将学习如何通过先理解、后行动来治愈羞耻感的创伤。我们将理解我们可以采取哪些行动来治愈由羞耻感导致的创伤，这种羞耻感源于我们的家庭、我们当前的个人关系以及我们自己。

最后，我们将讨论缺乏羞耻感的人可以寻求的帮助。

第 10 章

治愈羞耻感的创伤：理解阶段

他的一生都在艰难地和羞耻感搏斗。如今，他只想着远离羞耻感。羞耻感已经成了他的敌人——他不欢迎它，但它却经常挥之不去，他无法让它离开。他的目标是根除内心的羞耻感，即使这意味着在情绪上变得麻木。

"我终于学会了欣赏我内心的羞耻感。我过去常常很害怕它。如今，有时候我可以静静地坐下来审视它。我试着倾听内心的羞耻感告诉我的东西，关于我本人，关于我想要过什么样的生活。我意识到的最重要事情是，羞耻感是我的一部分。如果我憎恨羞耻感，就是在憎恨我自己。"

这一次，他在造成深深的伤害之前，发现自己说错了话，立即闭嘴。通常，他只要一感到任何的羞耻感，就会找个借口逃离。有时候，他在逃离时，自己都不知道是什么在搅扰自己，直到后来才将逃离与羞耻感联系起来。但今天，他注意到自己正对一次小小的情感压抑给出过度的反应。接下来，他可以克制自己不去逃避。他不让别人的一次轻微批评在自己的脑海中变成一次完全的羞辱。

如果你深深陷入羞耻感的痛苦之中，可以做一些最终将让你从那种不舒服感觉中解脱出来的事情。随着时间的推移，你能够也将会学会怎样以一种有助于你感到胜任、有价值和值得人爱的方式生活。

羞耻感让人垂下脑袋、眼望地面。羞耻感吸走了人们的活力、乐观精神和兴奋感。不过，由于羞耻而脸红的人，也正是这样一些人：他们想要或需要学习怎样以平和的尊严和切合实际的自豪感让自己再度昂起头来。那是一个充满希望的信号，它潜藏在每一个羞辱时刻的背后。

以下的内容不仅对以羞耻为中心的人有意义，而且对所有人都有意义。但我们意识到，感受到最深刻羞耻感的人，也就是那些最急切地渴望治愈其痛苦的人，会以极其强烈的紧迫感来读这些内容。他们可能被自身的羞耻感麻痹太长时间了，以至于几乎感到毫无希望。令人喘不过气来的绝望和悲观，都是羞辱过程的组成部分，也是对一种看似不可能的局面的回应。我们请你设法将悲观和绝望暂时放在一旁。尽管我们不能为你提供迅速和容易的解决方案，无法让你在几天之内解决好羞耻感，但我们确实相信，你可以做一些事情，渐渐地用积极的自我价值感来替代过多的羞耻感。

我们将这个过程分为两个基本的阶段：理解（在本章中阐述）和行动（将在下一章中阐述）。这两个阶段都是治愈羞耻感必不可少的。没有理解，行动将变成一盘散沙，毫无用处；没有行动，理解无法改变某个人的生活。如果你的目标是解决令你痛苦的羞耻感问题，那么，请给你自己留出足够的时间来加深理解和采取行动。

治愈羞耻感创伤的指南

理解阶段（将在本章中讨论）

（1）做到耐心——羞耻感的治愈过程缓慢。

（2）充分认识你的羞耻感。

（3）注意你对羞耻感的防御。

（4）研究羞耻感的五种来源（将简要讨论）。

（5）将羞耻感作为人类状况的一部分加以接受。

行动阶段（将在下一章中讨论）

（1）获得帮助——你不必一个人来做这件事。

（2）挑战羞耻感。

（3）根据人性、谦逊、自主和能力的原则确定积极的目标。

（4）采取心理的和实际的行动来朝着那些目标前进。

（5）经常审视你的进展。

解决羞耻感问题的理解阶段

做到耐心——羞耻感的治愈过程缓慢

羞耻感涉及某人作为人类的身份认同。太多时候，由于羞耻感造成的创伤是深刻而持久的，因此要过一段时间才能让被羞辱者感觉好一些。

我们应对羞耻感时，问题是没有耐心。我们自然希望自己能够尽快从这种感觉中解脱出来。此外，仅仅是读到和想到羞耻感，似乎也能短时间内使羞耻问题恶化。例如，有人将我们在写这本关于羞耻感的书这件事告诉了一位女性，那位女性对我们说，“我希望再也不要有这些可怕的书出现了，它们只会让你对自己感到更加糟糕！”我们毕竟希望羞耻感从人们身上消失，以便大家感到自己有权在这个世界上生存，而这本是再正常不过的事情。

一种真正的危险是，如果过于急切地“修复”我们的羞耻感，可能甚至让我们自己更加感到羞耻。记住，我们不可能强迫我们喜欢或尊重自己。自我照顾是慢慢形成的。我们可以用尊严和自豪感来替代羞耻感，但只能慢慢地替代。有人企图一下子就治愈他的羞耻感，但到头来可能只会将另一项“失败”添加到他的羞耻之中。

从羞耻感中恢复过来是一个渐进的过程，而且可能是不可预知的。某一天，我们可能感觉十分糟糕，第二天却感觉好些了，但也许第三天感觉又变糟了。

起初，也许感觉不好的日子比感觉好的日子多一些。但过了几个月，或许一年半载或更长时间以后，你会发现你比自己开始治愈羞耻感的时候更加尊重和欣赏自己了。对你自己来说，这份爱的礼物，便是努力应对羞耻感和自我憎恨带来的回报。

充分认识你的羞耻感

羞耻感并不容易面对。毕竟，谁想去研究到底他或她怎样对自己抱着轻蔑的态度呢？许多人害怕这种深入内心的自我憎恨的可怕感觉，并且羞于承认他们有这些想法。治愈羞耻感需要勇气。我们必须研究我们内心的羞耻感，尽管我们自然的冲动是想将它藏起来。

怎样提高自己对羞耻感的认识呢？一种方法是读些类似本书这样的书籍，并且做一些本书每章结尾时的那种练习。另一种方法是注意观察我们的身体给我们发出的信号。羞耻感的信号包括脸红、看着脚下，以及突然之间失去活力，也就是迅速地让自己感到泄气。我们还应当仔细审视我们的想法，特别是我们自动地对自己进行的侮辱。我们还可以在我们的行为中察觉羞耻感。如果我们将自己与他人孤立起来，或者对他人敬而远之、退避三舍，我们可能在感受羞耻感。也许我们觉得麻木（由于难以抗拒的自我认知，我们要么无力去接近某种局面，要么无力从那种局面中撤出来）、完美主义，或者尤其苛责身边的人。

提高我们对羞耻感的认识，还有一种方法是研究我们精神上的关联和脱节。我们怎样去寻找人生的意义？我们什么时候觉得空虚或毫无意义？什么时候觉得自己不是一个完整的人？

令我们羞耻的事件可大可小。如果我们决心让自己充分认识羞耻感，需要注意那些较小的羞辱事件，特别是那些反复出现的事件。一旦我们不对较小的羞辱事件提出挑战，羞辱可能变成一种习惯。

当我们意识到我们多么频繁地羞辱自己或者被他人羞辱时，可能感到吃惊和沮丧。尽管如此，知道我们原来一直带着羞耻感在生活，也比你压根不知道这种状况要好得多。

注意你对羞耻感的防御

早些时候我们了解到，感到羞耻的人通常想出了一些生存之策来减少对羞耻感的感知。这些防御以无视现实为代价，将即时产生的痛苦最小化。想一想你可能运用哪些常见防御策略来防御羞耻感。

- **否认**——否认我们生活中的有些部分给我们带来羞耻感，并将我们生活中的真正问题排除在我们的意识和感知之外，也就是说，似乎我们不知道那些真正问题的存在。
- **回避**——短时间远离别人，也就是对别人或者别人参与的活动表现得没有兴趣、无精打采。
- **暴怒**——将别人赶开，以便他们无法看到我们自己的缺陷。如果我们认为别人在有意羞辱我们，最有可能采取这种防御。
- **完美主义**——希望借助永不犯错或者完美做好所有事情来推迟羞耻感的出现。
- **傲慢**——假装比其他所有人都优越，或者坚持认为其他人全都充满了缺陷。（傲慢有两个部分：自大和蔑视。）
- **出风头**——公开表现我们更愿意隐藏起来的行为。例如，如果我们不能很好地阅读，我们可能以一种夸张的方式来吸引别人对这一缺陷的特别关注，也许我们是为了让自己和别人相信，这一缺陷并不会给我们带来烦恼。

我们必须花时间注意观察和理解这些防御策略，我们曾使用这些策略来对其他人掩藏我们内心的羞耻感。以上列举的六种防御策略，也许每一种我们都很熟悉。或者，我们还可以提出另一些策略，但我们并没有把它们归入这个列表之中。

这里的目的不只是让我们摒弃这些防御，还是让我们了解怎样保护自己不会感受到痛苦的羞耻感和羞耻想法。最后，我们可以围绕怎样生活下去而做出选择。例如，倘若我们开始感到羞耻的时候（或者在我们担心我们将感到羞耻的时候），我们习惯性地回避他人，那么，绝不能感到我们有义务待在原地不动并且公开地解决羞耻的问题。我们有权待在那里，也有权选择离开，这取决于我们当时可以怎样来处理。但是，在我们做出任何有意义的选择之前，我们必须知道自己正在运用怎样的生存之策。

研究羞耻感的五种来源

羞耻感有众多来源：①我们的遗传和生物学构成；②我们的家庭起源；③社会的期望与要求；④当前的个人关系；⑤我们自身。整理这些来源是一项极有价值的工作，因为每一种来源都对应着不同的治愈策略。倘若某人的羞耻感主要来源于与傲慢的和侮辱人的伙伴一同工作与生活，那么，和另一个人的羞耻感主要来源于童年时代的情况相比，两者一定截然不同。但是，许多人将会发现，他们的羞耻感与好几个来源相关联。

这里有一个例子，它证明了理解我们的羞耻感的来源可能会对我们多么有益。当某个男人的妻子告诉朋友们，说他在财务上对家庭不负责任，这个男人可能感到窘迫，觉得无地自容。他花一些时间来思考自己的行为，意识到妻子的评论触发了一种由来已久的羞耻感。

这种羞耻感，起源于他的父母经常说他是个不负责任的人，并且说他不论做什么事情都总是失败。他必须解决的羞耻感，源于他的家庭。有了这种意识之后，他可以应对来源于当前的夫妻关系中的羞耻感。

将羞耻感作为人类状况的一部分加以接受

作为人类，我们总会偶尔感到羞耻，一旦我们有了这样的认识，那么，解决羞耻感问题的理解阶段就结束了。我们害怕、憎恨羞耻感以及与之战斗，并不会赶跑羞耻感。事实上，如果我们与之战斗，它甚至变得越来越强烈。有的人轻视自己的羞耻感，如此一来，他可能忘记了自己在这个过程中原来在厌恶自己。

我们必须接受内心的羞耻感，才能采取措施改变它。羞耻感是现实存在的。羞耻感不可能仅仅由于它是痛苦的而简单地消失。它也不可能由于它难以应对而消逝。

这段自我意识和接受感不断增强的时期或短或长，短的可能只有几分钟，长的可能达几个月。它可能适合你的整个一生，或者只适合某个特定事件。比如，若我们由于另一个人的批评而突然间感到万分尴尬或者备受羞辱，那我们可以用几分钟时间来注意观察和研究那种感觉，然后再采取行动。当然，如果要充分地认识我们感到羞耻的自我那种最深刻和最久远的方面，需要的时间可能长得多。我们并不容易接受自身的羞耻感可能制造的自我憎恨。

和羞耻感做朋友，远比害怕或者讨厌面对它好得多。我们所有人都时常对自己感到羞耻。只要有可能，试着和那种羞耻感和平共处，因为它真的是你的另一个部分。我们必须接受我们自己的每一个部分，包括我们的羞耻感，这样才能发现我们对自己的爱。

小结

以羞耻为中心的人可能慢慢对自己失去了兴趣，因为他相信自己软弱、坏。

想要治愈羞耻创伤，必须重新点燃他对自己的思考，以找回已经失去的尊严和能力。

耐心必须与某人重新燃起的兴趣结合起来。羞耻感很少能够迅速治愈；试图过于迅速地将它推开，反而增大了加剧而不是减轻羞耻感的危险。我们可以仔细地观察自己怎样感受到羞耻、什么时候感受到羞耻，辨别我们对羞耻感的防御策略，并且研究羞耻感的全部五种来源，来认真地了解羞辱的过程。

当我们将羞耻感当成自身的一个重要部分来接受，并且认定它有助于我们过上更好的生活时，理解羞耻感的最后一个方面发生了。我们可以学会静静地审视我们的羞耻感，而不是向它投降。说来也怪，我们必须用尊重的心态来对待羞耻感，只有这样，它对我们生活的影响才会消失。

我们理解羞耻感的目的是为下一步的行动做好准备。在下一章，我们将关注怎样通过合适的行为来治愈羞耻的创伤。

练习

练习 1

治愈羞耻感是一个缓慢的过程。此外，当某人开始应对羞耻感时，令人羞耻的感觉通常会在短时间内强化，导致他想着自己可能徒劳无功。想象一个着力应对羞耻感的人称自己为傻瓜的情景。那样的话，他会在内心告诉自己，**孩子，我在努力不感到羞耻的时候却羞辱自己，是不是有些愚蠢？这样的话，我绝不会从中学习些什么。**他确实因为产生了羞耻感而羞辱了自己，而他的这种不耐烦，将使情况变得更糟糕。你学会系鞋带、弹钢琴或者建房子，要花多长时间？对我们的自我重新产生一种全面的感觉，同样也得花一些时间。

当你发现自己变得不耐烦时，深深地呼吸两三次。然后，在继续正常的呼吸时，反复地对自己说几次**“我是一个普通人”**。提醒你自己，你将像学会系鞋带那样学习应对你的羞耻感，而且不必把羞辱你自己当成应对羞耻感的动机。你很好。

练习 2

要充分地认识我们的羞耻感，必须研究我们的防御之策。现在，仔细地审视你怎样运用防御。重新评估你在第 3 章的练习 4 中辨别过的防御之策，再次想一想你怎样让自己防御羞耻感。

这里列举了一些例子，是由那些勇敢对抗他们对羞耻感的防御的人所列举出来的羞耻问题。如果这些例子和你相关，用这些例子来帮你，但在这里也要进行你自己的思考。仔细阅读这些例子，并在一张单独的纸上列举你自己的每一种防御。

否认：

我否认我母亲存在饮酒问题，因为我的家里如果出了一个酗酒的女性，我会感到羞耻。

我否认我的性感受，因为它让我尴尬。

我否认我的需要很重要，因为如果我变得那么自私，我将感到万分羞耻。

我否认爸爸虐待我，因为我觉得，他之所以打我，一定是我的错。

我否认打了我妻子，因为我甚至想都没想过为什么打她。

回避：

我在冲突面前回避，因为我害怕自己被羞辱。

我在他人面前回避，因为我害怕知道他们会怎么看待我。

我回避，因为我感到自己和别人不同，而且格格不入。

我回避而不是自然地为人处世，否则会觉得自己可笑。

我在自己被别人关注时感到尴尬，因而回避并变得沉默。

暴怒：

当我的孩子不是马上照我说的去做时，我便大为光火，因为我觉得，自己作为父母，并不称职。

我对妻子勃然大怒，以便她不和我足够亲密，那会让我感到尴尬。

我通常对其他人的愚蠢行为火冒三丈，因为我害怕他们批评我。

我对人们发脾气，因为我过去曾被其他人羞辱过。

我对我父亲生气，以便他绝不再羞辱我。

完美主义：

我通常什么话也不说，因为我害怕说错话。

我不去参加一些新奇的活动，因为我可能做不好。

我确保一切事情都井井有条、中规中矩，如果有人看到我的汽车或屋子乱七八糟，我便感到羞耻。

如果我发现自己做的某件事情有一些微小的瑕疵，我会感到尴尬。

我害怕身边的人的缺点体现在我身上。

傲慢：

有些人觉得他们可以告诉我做些什么，我对他们很生气，因为我被他们羞辱了。

有时候我表现得过于自信和优越，以此掩盖我内心不好的感觉。

我必须成为最好的，那样我才不会害怕成为最差的那一个。

我把批评其他人当成展示我的好主意的一种方式。

我不需要想着我的缺点。

出风头：

我很多时候炫耀，假装自己不会为我所做的事情感到羞耻。

我有时候穿着很暴露的衣服或者以其他方式暴露，以吸引不恰当的性关注。

我表现得对自己做的事情感到骄傲，实际上当时我真的对它们感到尴尬。

现在，花几分钟时间放松，深呼吸几次。浏览一下你的列表。你有没有发现自己在运用一两种特定的防御策略，或者，你是不是在运用这里列举的所有策略来防御？

运用防御策略，完全没问题——许多时候，你还需要它们。表扬一下你自己，因为你辨别出了所有的防御之策。如果这个练习对你来说非常难，找一个可以对你坦率、诚实和关心你的人——请这个人为你提供帮助。

练习 3

几乎每个人都在某个时候难以应对羞耻感，同时，我们很多人又有着深深的羞耻感。当我们关注自己的羞耻感时，通常想要远离它或者拒绝承认。但在这里，我们请你选择一两件你辨别为羞耻的事情，并且在几分钟内静静地审视它们。首先把这些事情想象为关于你的几个简单的事实，好比你的穿着和你的身高这些事实那样。提醒你自己，不论多么让人难以相信，依然有很多优秀的人和你一样，生活中总有一两件令他们感到羞耻的事情。

内心怀有羞耻，没关系；对羞耻感进行了防御，也不要紧。随着你致力于治愈羞耻感，你的某些防御策略将变得过时和不必要。你能够改变它们。就像人们慢慢长大一些，这些令你羞耻的事实，也将很大程度上改变。放轻松，按你自己的方式去生活，现在静静地坐在那里，你会没事的。此刻，接受你自己，哪怕只是今天。

第11章

治愈羞耻感的创伤：行动阶段

“我只想加入人类，为什么这么难？我能做些什么，让我感到我属于人类？每次我身边围满了人时，我只想逃离。我太害怕被人拒绝，以至于整天都待在家里。”

有个人赌博成瘾，很难抗拒这种瘾性。这一次，他在一个小时愚蠢的下注中输光了家里所有的钱。但他拒绝参加无名者戒赌协会（Gamblers Anonymous）的任何一次会议。毕竟，他觉得自己是个成功的商人，需要保护自己的名誉。除此之外，他知道他比普通的赌徒更优秀些，不屑与之为伍。他没有想过降低自己的身份，和普通的赌徒平起平坐。

他渴望变得更加独立。但他不知道独立到底意味着什么。是不是他必须靠自己来做所有的事情？可不可以寻求别人的帮助？长期以来，他花大部分时间取悦别人，以至于不再确定自己到底是什么人，也不再确信他始终相信的东西。每次他依靠别人时，他都觉得羞耻，但也感到自己太软弱了，软弱到无法独立自主。

“我厌倦了失败。每次我料到自己会把所有的事情都弄糟，就会感到厌倦。当人们有一种深深植根于内心的、认定自己没有能力的假设时，怎么可能对自己感到自豪？我必须开始为把事情做好而负起责任。”

仅仅是理解了我们内心的羞耻感，还是不够的。羞耻感好比一个信使，告诉我们生活中有些方面出了问题，必须改变。我们得关注那些信号（这是理解阶段的任务），然后采取一些行动，帮助我们过上更好、更有意义的生活。

我们已经概括了一个分为五个步骤的过程，帮助我们将痛苦的羞耻感转变成积极的行为。这五个步骤以制定积极的目标为核心，而不只是为了消除羞耻感。

（1）获得帮助——你不必一个人来做这件事。

（2）挑战羞耻感。

（3）根据人性、谦逊、自主和能力的原则确定积极的目标。

（4）采取心理的和实际的行动来朝着那些目标前进。

（5）经常审视你的进展。

治愈羞耻感的行动阶段

获得帮助——你不必一个人来做这件事

孤立是对羞耻感的一种常见反应。某个人越是深深地感到羞耻，往往越是把自己的想法、感觉和行为掩藏起来，不让别人发觉。感到羞耻的人将他们生活中的许多方面都作为秘密加以保守，因为他们相信，如果其他人知道了他们真的是什么样的人，便会嘲笑他们。不幸的是，羞耻感激起了隐秘。深感羞耻的人通过掩盖他的身份，只会让他本人更加相信，他本来就存在根本的缺陷。

有些羞耻感的治愈必须单独完成。作为治愈过程的一部分，我们一定要学会尊重我们自己。我们还得花时间与精神上的“至高存在者”建立或恢复联系，以便感受到人生的意义。另一些人可能不必完成这些任务，尽管这些任务证明是有益的。

但是，大部分羞耻感通过我们和其他人的个人关系形成和发展起来。当我们走出孤独，开始和其他人交流时，可以最好地解决这种羞耻感。通常情况下，当我们在一种安全的环境下将这种羞耻感展示给他人时，那么，由于羞耻感造成的伤害将开始得到治愈。我们需要鼓起勇气，让其他人来看一看我们身上的那些自我谴责的部分。这样做，当人们看到了我们的羞耻并选择包容而不是谴责我们时，我们将渐渐获得信心，认定我们是完整的人。

我们不能信任所有人，不能向所有人透露我们的羞耻。首先，一个值得信任的人在得到我们的隐私信息时，不会对我们的羞耻感火上浇油。优秀的倾听者绝不会羞辱已经感到羞耻的人。此外，他会和我们分担我们的痛苦与脆弱，不会试着和我们谈论我们的耻辱。和我们分担耻辱的人，还会静静地坐下来，与我们一道审视那种羞耻——不会让我们害怕或厌恶。

由于我们可能很难谈论我们自己，因此，每次当我们感觉自己最不可接受时，需要下定决心和他人联系。即使我们对人们的拒绝感到害怕之极，也需要靠近他人。与此同时，我们得找一些不会羞辱我们的人来透露我们的羞耻，以保护我们自己，这样的话，我们鼓起勇气采取的行为不至于遭到这个人破坏性的抨击。我们首先要承担“小风险”，每次只把我们的一部分羞耻感暴露给别人。

最后一条说明：没有人能够每次都用关心和同情来回应我们。我们应当记住这一点，不要指望完美。如果某人有那么一两次没能很好地回应我们的羞耻感，也绝不能完全否定他。

挑战羞耻感

对羞耻感的每一种来源，必须稍加区分地进行挑战。例如，一位患抑郁症的女性在从过多的羞耻感中恢复期间，可能需要告诉自己，她的羞耻感有时候来自以下五种来源。

- **我的抑郁症让我知道我不好。如今，我无法停止那种想法，但我知道那不是真的。**这挑战了因化学因素引起的对自我价值的侮辱，这种侮辱发生在这类因素导致的抑郁症期间。
- **许多人依然认为女性低人一等，但那并不意味着我还要继续谴责我自己。**这是直面来自文化中的羞耻感。
- **我的父母说我毫无价值，我曾经相信他们的话。如今我已长大，可以拒绝接受那些说法。我觉得我会把那种羞耻感赶出去，因为它不属于我。**这是治愈源于家庭的羞耻感的方式。

- **我的男友一天指责我 10 次。现在我得明确地告诉他，我不想继续那样生活下去。我的价值比他想象的大。**如果这位女性正和一位羞辱她的男友一同生活，这或许是她必须做出的一则声明。
- **我厌倦了憎恨自己。首先，我打算下定决心，不再用难听的话责骂自己了。我需要尊重自己。**这挑战了自我羞耻的态度和行为。

挑战羞耻感和攻击羞耻感不是同一回事。要记住，我们感受到的羞耻，是我们的一个重要部分。羞耻感不可能简单地从我们的心灵中剥离出去并被我们甩得远远的。一个人如果攻击他的羞耻感，反而只会增强这种感觉。

我们讨论过安静地坐下来审视羞耻感的情景，并将其作为治愈过程的一部分。现在，我们必须在内心深处轻柔但坚定地与羞耻感对话。这么做的目的是，通过将羞耻感对我们的影响力转移开，产生尊严感和健康的自豪感。我们不能让羞耻感控制我们所做的事情、我们感觉的方式，以及我们思考的东西。挑战过多的羞耻感所发出的信号，对我们每个人来讲都将是不同的，但它的一般形式是这样：**我尊重和欣赏内心的羞耻感，即使它常常给我带来痛苦。我知道，羞耻感是我的一部分。但我同时还是一个有权对自己产生良好感觉的人。身为人类，我有自己的价值。我值得身边的人以及我自己给予我尊重、荣誉和尊严。我不要再过着以羞耻为中心的生活。**

当你开始进行这样的挑战时，别指望你心中那羞耻的部分会“站出来”并且“举手欢呼”。做好持续开展数小时的活跃的内心探讨的准备，因为你那感到羞耻的自我试图说服你，你活该感到羞耻。最为羞耻的人必须多次下定决心，致力于珍视我们的自我价值，直到反复多次后，我们才会感到舒服。记住，我们的目标并不是根除羞耻感，而是将羞耻感放回适合它的位置，作为你的生活中的一个“公民”，而不是统治一切的“国王”或“女王”。

根据人性、谦逊、自主和能力的原则确定积极的目标

我们此前提到过，当我们感受到适度的羞耻时，有助于探索或者重新发现人生的重要事实。在这个过程中，四项原则格外重要，它们是人性、谦逊、自主和能力。我们可能觉得自己在这些方面中的一个或多个受到了损害。我们也可能在所有这四个方面中都遭受了长期的创伤。

人性的原则

这条原则简单而明确：每个人都属于人类。没有人例外，不需要通过什么考试、不必履行什么义务，也不需要进行可能的筛选方式，我们就是人。所有人都是人类中的一员，再多的羞耻感也无法剥夺这样一个事实。

我们的目标是想办法重新回到人类社会之中。我们渴望被别人接受，渴望有人爱，我们得把那种渴望转变成积极的行为。我们必须担负起融入其他人的责任，而不是在其他人面前退缩。我们还必须多次提醒自己，我们天生就有权利成为人类中的一员。

当某个人能够融入其他人之中，而且那些人能够确认和欣赏他的人性时，那么他的归属感将得到强化。我们也许希望缓慢开始这个和解的过程。首先接近一些相对安全的人或群体（如无名者戒酒协会之类的自助型协会）是很好的主意。

我们还得采用同样的方法来接近我们自己，也就是慢慢地、耐心地接近。我们必须停止谴责我们自己，并且发现我们是值得爱的。一旦我们接受自己是完整的人，便可以成为我们自己的朋友。我们也许还想与精神上的“至高存在者”发展或重新建立良好的关系，以便在整个计划中重新确认我们人生的意义。

当我们可以对我们感觉亲近的人说“现在，我有一些不舒服的感觉。

我们能谈谈它们吗”时，我们知道自己在遵循人性的原则生活。

谦逊的原则

这条原则表明，人人都是平等的，也就是说，没有哪个人比其他人更好或更坏。如果我们难以确定这条原则，那么通常情况下，我们要么感到比别人差，要么感到比别人好。我们在一个垂直的刻度上观察人生，一直在和别人竞争，努力做到比别人更好，同时担心自己遭到严重的挫败。但那样一来，当我们感到羞耻时，会觉得自己是可鄙的，并且可能通过鄙视他人来与那种感觉做斗争。如此一来，生活就变成了一场羞辱比赛，每个涉及其中的人都会受到伤害。

我们并不是说每个人都完全相同，或者每个人采取的每一次行动都有着完全一样的价值。确实，有些人天生就具有更强的体能、智力或魅力。但这些差别并不能使任何人比别的人更好。我们根据这条谦逊的原则来行事，不会再感到比其他人更差或更好，并且接受各种各样的机会来增强个人关系中的平等精神。

谦虚是谦逊的一部分。谦虚的人已经解决好了我们像孩子那样想要赢得人们关注的基本渴望，但害怕成为人们关注的焦点。在某些时候，我们都应当成为“明星”，但并非任何时候。

谦逊与羞耻不是同一回事。当某人被他人贬低身份和受到他人指责时，会冒出羞耻感；这涉及将某人贬低到低人一等的状态。相反，谦逊是我们自己做出的一个决定，目的是接受我们和他人处在平等的地位，并不比他们更好，也不比他们更差。有时，我们可以通过“降低”自己的身份来和他人平等，以做到谦逊。例如，若我们感到沾沾自喜和高人一等，我们可以放弃这种感觉，加入其他人之中。或者，我们可以通过接受积极的关注，和其他人一样获得平等的待遇，以做到谦逊。不论朝哪个方向，这一过程都将我们带向完整的人性，因为我们牺牲了高人一等的感觉，也不再感到低人一等。

自主的原则

羞耻感导致的问题的另一个信号是感到软弱和依赖。如果我们产生了这种感觉，需要确定一些体现自主原则的目标，即我们每个人都有权利和责任来确定我们自己怎样生活。独立自主地生活意味着我们拥有自己的身份，代表着我们不必持续不断地取悦他人、害怕被拒绝或被抛弃。我们有足够的自信来相信，如果我们不得已一个人生活，也能做到这样生活。

然而，我们不会让独立自主变得神圣。我们生活在一个合作的世界，在这样的世界里，每个人都拥有重要的思想、可以做出重大的贡献，因此，我们要和他人建立起相互尊重的个人关系，致力于与他们相互依存、共同前进。

我们有些人把自己想象成残忍无情的世界中的“受害者”，对他们来说，格外难以实现自主。当我们真正地做到自主时，我们将感受到适当的和正常的羞耻感。

能力的原则

这条原则告诉我们，每个人都足够好，都具有足以为世界奉献他的价值的能力。当我们相信自己的能力时，我们将理解我们需要做些什么来提升技能与水平。但是，当我们过于看轻我们自己的才华时，可能感到羞耻。

不过，我们不必对自己做的任何一件事情都要求至善至美。作为人类，偶尔的失败是不可避免的。有时候我们可以从失败中学习，进而增强自己的能力。另一些时候，我们只得接受失望，但依然可以从失败中学习。

不论我们手头的任务是什么，令人羞耻的感觉可以促使我们致力于漂亮地完成任务。如果我们的目标是做到胜任，那么，我们不仅需要改变我们的态度，还需要审视我们的行为，以观察我们在什么时候及怎样以自我挫败的方式来行事。我们将努力向自己发出类似这样的信号：**我要挑战自我，以便养成出色完成任务的习惯。当我致力于提高自己的能力时，可以用切合实际的自豪感来替代羞耻感。但我也知道适可而止。我的目标是接受“足够好”的状态，而不是事事追求完美。**

采取心理的和实际的行动来朝着那些目标前进

当我们确定自己想根据这些原则来生活时，便开始从羞耻感中恢复过来。我们可以问自己一个非常简单但却极其强大的问题：我们怎样改变想法和行为，以便最终能感受到更多的人性、谦逊、自主和能力？

这里有一个练习，有助于你开启这一过程。首先，拿出至少四张单独的纸，在每张纸的上方，从以下四条原则中选出一条作为这页纸的标题：人性、谦逊、自主、能力。接下来，在标题下方的左侧，列出经常使你远离这条原则的一系列的想法和行为。例如，我们可能注意到我们经常把自己想象得很失败（违反了能力的原则），抑或几乎总是请其他人来为我们做决定（违反了自主的原则）。

制作一个完整的列表，但不要指责自己。然后问你自己，要改变其中的每一项，需要做些什么，并把答案写到最初写下的想法和行为的旁边。比如，如果我们经常把自己想象得很失败，那我们希望用“我足够好，完全可以成功”的观念来替代这种想法。如果我们向他人寻求帮助，这样的帮助并非必不可少，那么，我们可以首先真正地尝试着靠自己去解决问题，确实解决不了，再去寻求帮助。

接下来，选择你想要改变的一两件事情。首先从非常简单和明确的开始。

最后，让你自己下决心在日常生活中做出这些改变，同时要记住，羞耻感的治愈是个缓慢的过程，你不一定非要做到完美无缺。

羞耻感充满了神秘。没有哪个简单的练习或计划可以将羞耻感的每一个部分都包含进来。但你可以从长计议，长时间以一种不断促使你产生自尊的方式来思考和感觉，这样，你便可以有效地挑战羞耻感。

经常审视你的进展

对治愈羞耻感要有耐心，但不要忘记了羞耻感。已经根深蒂固的羞耻的习惯很难打破，而且，它们会悄悄潜回你的生活之中。这正是经常审视它们将对自己有益的原因。也许你可以找到另一个也有兴趣挑战羞耻感的人，并且你和他/她偶尔才相见，这样，你们可以相互观察一下对方的进展。要记住，羞耻感的治愈，通常在其他人的陪伴之下效果最好。但是，即使你已经审视了你的进展，一定要确保至少一个月审视一次。在这样的审视中，你可能意识到，自己正和其他人一道，慢慢改变着思考习惯和行为习惯。你也许还时常发现，你在涉及羞耻感的一个或多个方面正节节败退。那将提示你，你得花更多时间来思考自己需要做些什么、你可以和谁来交谈，以便缓解羞耻感。

你的审视应当尽可能具体。问你自己这些问题：

- 在最近几天里我做了些什么，以帮助我感受到人性？我把我的羞耻感和良好感觉告诉了谁？
- 我最近有没有表现得仿佛自己比其他人更好或更差？我是不是又开始想着自己比其他人高级或低级？
- 我是不是将自己视为生活的受害者？如果是，我可以做些什么，以便重新找回对自己的想法和行为有更大控制的那种感觉？

- 我表现得胜任还是不胜任？我现在能够满足于“足够好”呢，还是必须让自己做到完美？

类似这样的问题在提醒我们，当我们用自我关怀以及对他人的尊重来替代羞耻感时，羞耻感将消失。

小结

羞耻感急需拯救。幸运的是，它为我们指出了某些特定的方向。如果我们花时间和精力来理解羞耻感，可以用荣誉和自尊来替代它。

我们用两个阶段来治愈羞耻感的创伤，这两个阶段各有五个步骤。首先是理解阶段，当我们知道了羞耻感不可避免且合情合理时，我们就理解了它。其次是行动阶段，当我们采取心理的和实际的行动来达到我们的目标时，这个阶段便结束了。不论羞耻感来自什么样的特定来源，这些一般指导原则都适用。

在后面的三章内容中，我们将重点探讨如何治愈源于三个特定来源的羞耻感：家庭、当前的个人关系以及自我羞耻。我们的目标是帮助你对如何实现更大的自我价值提出更加详尽的点子和建议。

练习

练习 1

当我们在一种安全的环境中将羞耻感展示给他人时，便开始治愈羞耻感带来的伤害。这意味着我们得学会以一种新的方式来向别人透露。并不是说我们应当向那些羞辱我们的人透露，或者，也不是说我们向身边所有的人广而告之我们感到羞耻的事情。但是，我们得找来某个人，也是我们可以更加开诚布公地与之交谈的某个人。我们通过挑战我们的防御来着手做这件事。

如果你经常使用否认来防御，那么，要承认你在某些事情上感到羞耻。如果你常常回避某个场面，那么，多在那里待10分钟。如果你经常性地勃然大怒，那么，在这些时刻放松你的双肩、双臂、双手和下颌的肌肉。如果你是一个完美主义者，那么，让你自己的完美形象产生瑕疵——至少让三个人知道你在某件事情上不太完美。如果你常常傲慢自大，那么，在某场交谈中让自己和对方平等，或者请他人为你提建议和意见。这个星期，至少做一次这样的实验，并把结果写下来。

读一读本章中关于挑战羞耻感的小节。写下当时的情形，以及你可以做些什么来作为主动的、挑战的回应，以练习这种方法。

情形：

挑战：

情形：

挑战：

情形：

挑战：

练习 2

按照人性的原则来生活，我们必须停止在心理上和他人竞争，并且停止只观察是什么让我们和其他人不同。是时候看一看我们和其他人都有哪些共同点，而不是感到自己低人一等，或者用优越感或虚伪来为我们自己防御。在接下来的几天时间里，完成这个练习中的几个句子，以重点关注人们在某些方面相同。例如，你可以写下一些这样的话，“我和你在一个方面比较相似，我也关心其他人的感受。你和我在一个方面比较相似，你也有时候感到紧张。”

我的例子：

我和你在一个方面比较相似，我也：

我和你在一个方面比较相似，我也：

我和你在一个方面比较相似，我也：

你和我在一个方面比较相似，你也：

你和我在一个方面比较相似，你也：

你和我在一个方面比较相似，你也：

练习 3

我们需要和其他人一同来练习谦逊。羞耻感告诉我们，别人比我们更好或更差。谦逊则告诉我们，他们和我们是平等的。找到某个人，和他/她一同探讨这个观点。让一个人站在一把牢固的椅子上，另一个人则坐在地上，注意观察站得高或者坐得低会给人怎样的感受；相互之间谈一谈，并且细心地察觉你们之间的谈话怎样受到这种安排的影响。现在变换一下角色，再继续交谈，你们每个人都有什么样的感觉？然后，两个人坐到一块儿，相互看着对方的眼睛来交谈，探讨“平等”是什么感觉。

练习 4

要做到自主，我们必须确定清晰而灵活的界限。我们需要知道怎样恰当地说“好”和“不”。当我们感到羞耻时，要么太多地说“好”来取悦和照顾别人，要么太多地说“不”而让自己变得僵化、呆板或苛刻。你是更擅长说“好”，还是更擅长说“不”？你对自己生活中某些特定的人说“好”或者说“不”的时候，是不是觉得很难说出口？这些人是谁？你需要最大限度地练习说哪个词？这个星期就用这个词来练习三次，至少和你觉得很难对他 / 她说出这个词的人练习一次。温和但坚定地说“好”或者“不”，并且和某位朋友讨论这样做的结果。

练习 5

健康的人意识到完美与不完美之间存在连续体。他们知道，胜任实际上介于完美和不完美之间，好比这样：

不完美　　　　　　　　　胜任　　　　　　　　　完美

健康的人以胜任为目标，也就是依据切合实际的个人标准来做好某项工作。然而，感到羞耻的人往往把胜任与完美当成同一回事。他们心中的等式似乎是这样的：

完美 = 胜任

不完美 = 无能

因此，要么胜任超出了他们的范围，要么只有做到完美才算胜任。这种情况是不是也曾出现在你的身上？

今天就让你自己胜任地做好三件小事，要运用“胜任”这个词的健康的定义。在一张单独的纸上写下你的反应。

练习 6

回答本章“小结”之前的那些问题，定期地审视你的进展。

第12章

治愈来自原生家庭的羞耻感

他只有17岁，却沉溺于过去。**为什么当我们还是孩子时，母亲便抛弃了我们？我做错了什么？我有什么错？我还能再相信别人吗？**他无法放下被抛弃的那种痛苦。

“我的父母经常说我又丑又笨，他们说我什么事也做不了，但现在，我已经长大了。我不需要再相信那些废话。虽然我还是听到他们对我说那些话，但现在我拒绝接受它们。仅仅因为他们扔给我一件令人羞耻的外衣，并不意味着我就得一直穿着它。”

他父亲是一位穷困潦倒的酗酒者。当他还是个孩子时，每个人

都因为他父亲的事嘲笑他。他感到非常难为情。有趣的是，他父亲似乎从来没有注意到这些，依然我行我素，继续扮演着整个家庭里令人感到羞耻的那个角色。多年以后，不论走到哪里，身为儿子的他仍然摆脱不了那种源自家庭的羞耻感。他感受了别人的羞耻，得把那种羞耻感还回去。

“这是令我最害怕的事情：昨天，我发现自己以我父母曾经羞辱我的一模一样的方式在羞辱我的孩子。有几分钟，我变成了我曾经发誓自己绝不会变成的那种人——不耐烦、不尊重、不欣赏孩子的父母。我知道，我的孩子一定对他们自己感到深深的羞耻。这种羞耻感会不会永远伴随他们？”

我们如果童年时期曾遭到严重的羞辱，可能会将这种羞耻感带入成年以后的生活。这就好比我们内心深处依然潜藏着自己父母的形象。它们一再地提醒着我们，我们是有缺陷的。即使我们不再跟父母住在一起了，这些“陈旧的”父母形象仍在我们心中占据一席之地。即使父亲或母亲已经变了，不再羞辱我们，那些形象依然萦绕在我们脑海。例如，一位受到情绪困扰的母亲或父亲可能曾对我们说，我们愚蠢或者可怜。后来，他或她也许改变了，对我们十分尊重。尽管如此，我们的脑海中依然留存着他或她曾经的形象。我们需要解决好“陈旧的”父母的形象给我们带来的羞耻问题，然后才能完全地拥抱全新的父母的形象。

在我们的原生家庭里产生羞耻感的最常见行为可能是如下这些。

- 发出类似这样的信号：你不好、不是足够好、不值得爱、不属于这里或不应当存在。
- 发出要抛弃、背叛、忽视和冷落的威胁。
- 施以身体虐待和性虐待。
- 要求全体家庭成员保守家里的秘密。
- 父母要求事事都做到完美。

我们坚信，你可以解决好来自家庭的羞耻感问题。但是，由于羞耻感根深蒂固，这一任务可能很难完成。许多孩子已经将他们接收的令人羞耻的信号完全吸收了。毕竟，当父母坚持认为他们的孩子某些方面一定出了问题时，什么样的孩子能够抵抗这种攻击？如果我们确实遇到过这种情况，可以采用在上一章中了解的方式来观察和挑战我们的羞耻感。在这一章，我们将观察解决这种来自家庭的羞耻感的更具体方法。这里是一些指导原则。

治愈源于家庭的羞耻感的指南

（1）审视过去与被困在过去之间是有差别的，要了解这种差别。

（2）确定你从自己家庭中接收的关于你的缺陷的最重要信号。

（3）允许自己为上述信号造成的伤害而感到悲伤。

（4）用体现自我价值的新信号来挑战关于你的缺陷的旧信号。

（5）改变你的行为，使之与这些更加健康的新信号相一致。

（6）归还“借来的羞耻感”。

（7）想着原谅羞辱过你的家人，以便你从羞耻感中解脱出来。

审视过去与被困在过去之间是有差别的，要了解这种差别

审视我们的过去，目的是发现某些事件怎样对我们造成伤害，以便我们改变自己当前的想法、感觉和行为。但是，在“研究”自己的羞耻感的同时，我们会感到痛苦。不过，重要的是我们要仔细观察那种伤害，而不是深陷其中。我们必须保持头脑清醒、心如明镜，至少在情绪上保持某种程度的中立，以便平衡我们的痛苦遭遇。

在审视过去的时候，试着不去夸大那些事实。也许没有哪位尚且健在的父母总是羞辱他或她的孩子。看看你能否回忆起父母或其他家人表扬你、支持你、明确地欣赏你的那些时刻。记住，你面对的是人，不是恶魔。你必须从降低让自己沉溺于过去中不能自拔的风险的角度来保留适度的羞耻感。

你越是遭到深入骨髓的羞耻，便越难使自己从过去的失望、创伤和被抛弃的情形中解脱出来。只有当你找到了理解你需要做些什么的人，这些人形成了一个支持你的“后援团”，启动（治愈羞耻感的）这一过程才是明智的。这些人可能是你的朋友、某个自助群体中的成员、专业人士或者家人。你还需要下定决心并经常重新回顾这样的决心——以一个更加健康、减少了羞耻感的人的形象出现在人们面前。好比你要去探索一个令人毛骨悚然的黑洞，若不带上一根绳索和一个手电，是没有道理的。在探索自己倍感羞耻的过去这个黑洞时，把朋友当成你的绳索，把决心当成你的手电。

确定你从自己家庭中接收的关于你的缺陷的最重要信号

关于你的缺陷的最重要信号，就是那些对你产生最深刻影响的信号。当你对自己说出这些话时，可能感觉真是那么回事。**没错，我爸老是叫我傻瓜。**

但他说得对。我很愚蠢。这些信号令人痛苦，而且，似乎永远地定格在那里。**我猜我自始至终就是个傻瓜。我们可能会这么认为。**我们面对关于自身缺陷的信号的另一个线索是，在这种信号面前，我们感到自己十分渺小，仿佛是羸弱和毫无防御能力的小孩。或者，当我们听到与某个家人最初说过的话相类似的某种说法时，我们感到自身有缺陷、羞耻万分或者丢尽脸面。

了解哪些令人羞耻的信号给我们带来最大的伤害，一种方法是仔细观察第 7 章结尾时的练习 1 中第一部分的结果。然后，根据如今哪个对你的影响最大，对那些信号进行排序。对排在前面的信号，如果你可以挑战它并替换它，应当能给你的人生带来最大的好处。

如果我们可以记得童年时期发生的一些特定事件，而那些事件包含了这类关于我们的缺陷的信号，也是有益的。也许在我们做家务时，父亲或母亲称我们笨拙或懒惰。也许在我们到了青春期后，父亲或母亲就不再触碰我们。这些事件或大或小，要么经常地反复地出现，要么偶尔出现。它们可能包含了语言的交流，也可能包含非语言的互动。非语言的羞耻信号的一个例子是，当我们感到热情十足或取得了一定的成就时，母亲什么也不说，只是失望地耸耸肩或者不屑地翻翻眼珠。语言的羞耻信号可能是，当我们带回家的成绩册上出现了一个 C 或 D 时，父亲说："你不够优秀。"

允许自己为上述信号造成的伤害而感到悲伤

关于缺陷的信号和其他一些令人羞耻的行为，深刻地影响着成长中的孩子。曾在《酗酒咨询中的羞耻和内疚的治疗》一书中编写了"治愈羞耻感的过程"那一章的布鲁斯·菲舍尔（Bruce Fischer）曾说，一个接收到缺陷信号的孩子，将出现许多无法得到满足的要求。等到这个孩子长大成人后，试图从羞耻感中恢复时，一定对小时候这些未能得到满足的要求悲伤不已。

这里有几个例子，它们证明了关于缺陷的信号可以导致怎样的伤害：

- “不好”的信号促使人们产生坏、软弱和不足的感觉，而且，这种感觉久久萦绕在心头。
- “不够好”的信号暗示某人总是让他人失望。
- “你不属于这里”的信号催生了某人不同于其他人的想法。
- “你不值得爱”的信号预示了某人将被抛弃。
- “你不应当存在”的信号让人们内心空虚和绝望。

所有孩子都想听到他们被别人爱着，他们是有归属的，做他们自己就已经足够好了，以及对他们的家庭来说他们完全值得接受。他们需要确信自己是有人性的、正常的、有能力的人。但是，在习惯性羞辱孩子的家庭中，这些合理的需求不会得到满足。

有些伤害是永远无法弥补的。成年时期再多的表扬或尊重，都不可能弥补童年时期缺少的表扬或尊重。正因为如此，我们才认为，为受到羞辱的过去而哀伤，是治愈羞耻感的一个必要步骤。我们必须哀悼我们在面对拒绝时似乎已经死去的那些部分——例如，某个孩子不相信他可以做好任何一件事情，或者确定他可以被他人接受的唯一方式便是照顾好他人，他觉得那些人比自己更有价值。

类似这样的哀伤有助于我们意识到，羞耻感在吞噬着我们的精神。当我们面对由于羞耻感而造成的损失时，感到自己内心仿佛插上了一支箭，整个身体都充满了痛苦。但是，当我们充分体验到这种心痛时，便可以缓解心中的伤痛。它有助于我们放下过去，同时也放下过去丧失了希望的感觉，以便找到通向未来的新路径。

根据伊丽莎白·库伯勒·罗斯博士（Elisabeth Kübler-Ross）在她的著作《关于死亡》（*On Death and Dying*）中的描述，哀伤的最后阶段是接受。作为成年人，我们在应对起源于原生家庭中的羞耻感时，最终能够接受这样一个事实：我们的身份认同被破坏了，而且，那些损失中的某些将是永久的。接受这些观点，使得我们能够在治愈的过程中继续前进。

用体现自我价值的新信号来挑战关于你的缺陷的旧信号

如果我们来自于以羞耻为中心的家庭，那么，对我们来说，最好的事情是长大成人。长大后，不论我们所处的情形有多么令人害怕，我们都很少像自己的童年时代那样感到毫无希望和依赖他人。作为成年人，我们可以挑战在童年时代接收的那些不好的信号。关于以前接受的这些信号，我们小的时候也许没有选择，但长大了之后，可以用更加健康的信号来取代它们。

记住，这些信号最初并不是从你的内心产生的。它们可能已经多年扎根于你的内心，但一开始并不是从那里萌芽的。你可以梳理你在童年时代收到的信号，并且有意识地决定将它们抛出来。

想一想婴儿怎样接受大人的食物。他们完全依赖于自己的父母，几乎没有选择，只能父母喂什么便吞下什么。他们同样也必须接受来自父母的那些强大的令人羞耻的信号。正如欧文·博尔斯特（Erving Bolster）和米里亚姆·博尔斯特（Miriam Bolster）在他们的著作《格式塔综合疗法》（*Gestalt Therapy Integrated*）中指出的那样，这些令人羞耻的信号是从外部吸收的，已经内化于心，导致我们形成了自我的概念。这些信号看起来好像属于我们，但事实上，我们并没有选择过它们。如今，我们需要重新评估这些陈旧的信号在我们的人生中发挥着什么作用。

我们在挑战源于原生家庭的令人羞耻的信号时，可以采用以下步骤：

- 第一，定位和研究每一个特定的令人羞耻的信号。
- 第二，判断发出每一个信号的人。
- 第三，要对“这种信号是我们的父亲或母亲发出的，因此一定正确”的这种想法提出质疑。
- 第四，思考那一信号，并且确定接受还是拒绝它。
- 第五，用新的、积极的、不会令人感到羞耻的信号来替代旧的、令人羞耻的信号。

例如，我们在孩提时代，也许被迫接受一些（由父母或者拥有权威和赢得我们信任的其他人发出的）信号，表明我们十分可悲和软弱，应当得到人们的同情。首先，注意观察我们如今多么频繁地对自己说这些话，以及这些想法怎样影响我们的生活。其次，试着记住我们是在什么地方和什么时候接收到这些信号的，特别是，这些信号是谁发出的。最后，我们可以着手探索我们是怎么开始相信这一信号的。**我的父母告诉我，我很虚弱和可怜。这种想法始于我的童年，那时的我经常生病。当然，我相信他们的说法，因此开始表现得越来越无助。**

然后我们可以确定，事到如今，这些信号到底是不是真的。**如今我意识到，我可以照顾好自己。我不必再相信我是个没有能力的人了。**最后，你可以用全新的自我概念来取代陈旧的、令人羞耻的想法，那种新的自我概念体现了健康的自豪感和荣誉感。我是一个有能力的独立的人，我可以自己做到很多事情。

早在我们还是个婴儿时，有些最陈旧的令人羞耻的信号就已经伴随着我们了，那时，我们还没有学会说话。这类信号导致一种羞耻感长期储存在我们体内，但我们似乎叫不出它的名字。例如，我们只要一看到某位女性用手指指着我们，就感到局促不安，觉得自己渺小。这也许起源于我们还是个婴儿时，母亲用手指着我们大声呵斥。这种令人羞耻的感觉，比那些言语信号更难以挑战，因为它是我们在人生的很早时期便了解到了的。不过，同样的治疗可能适合这类羞耻感。挑战这类羞耻感的一个例子是改变你的身体对某个可能造成羞耻的事件的回应；例如，当某个女性指着你时，依然昂起你的头并直接回应，而不是缩头缩脑。

改变你的行为，使之与这些更加健康的新信号相一致

当你改变了你的行为，过上一种不以羞耻为中心的更加健康的生活时，那么，上一个小节中描述的艰难的努力，终将得到回报。这种新的行为，可以从你的熟人、朋友和亲人开始。不过到最后，你必须和你的原生家庭或者诸如“权威人士”等替代你的原生家庭的人一同来改变你的行为。

当你改变了你与家人之间的互动时，源于家庭的羞耻感可以得到最好的治愈。父母并不仅仅因为他们是孩子的父母便有权羞辱孩子。身为治疗专家，我们听到过一些已经长大的孩子的故事，他们忍受着父母大量的语言羞辱甚至身体虐待。我们认为，父母必须通过相互尊重的交流来赢得孩子的尊重。因此，解决源于原生家庭的羞耻感，第一条原则是坚持让自己获得尊重。那意味着你应当勇敢地面对明显和直接的羞辱指责。例如你可以说：“爸爸，多少年了，你一直说我是个没脑子的人。我不是那样的人，也从来没有做过没脑子的事。请不要再用那个词来叫我了。”

这样的对抗，并不容易。它们也许会遭到愤怒的攻击和辩护，尤其是当这种羞辱攻击是有意为之时。

对一个充满羞耻感的家庭，最好的挑战是那些平静而清晰的挑战。这样的挑战还得定期、反复进行，因为以羞耻为中心的家庭往往会出于习惯而回到那些旧有的、令人羞耻的行为上去。

家人可以做出改变，而且，有的人一旦知道你在坚持要求公平对待，会十分迅速地改变他们的行为。另一些人可能不愿意改变或者根本不改变。你必须确定你打算花多少时间和精力来专心致志地改变你与家人的互动方式。对那些不可能或者不会停止羞辱你的家人，一个好的主意是尽可能不和他或她接触。除了彻底地中断和这些人的交往之外，你还可以选择缩短与他或她见面的时间或使用电话交谈，或者，在被他或她羞辱的风险变小或有一些不太可能羞辱你的家人在场的时候，才和他或她见面。（“现在，我总是带上我妻子。有她在，他们变得很有礼貌，于是不会指责我了。”）或者，你可以主动地设定讨论的话题。（“不，妈妈，我们别再谈论我离婚的事情了。那已经是十年前的事了。”）

如果你想得到家人的尊重，应当记住，其他人在观察你的时候，也在寻找那些显示你值得尊重的线索。那意味着，你希望他们以怎样的方式来对待你，那你也必须以这样的方式对待自己。如果你的父母经常听到你在侮辱自己，你却指望他们不再责骂你，那将是徒劳的。同样，如果你只评价自己的缺点，看不到自己的优点，其他人也不知道该怎么来表扬你。

归还“借来的羞耻感”

在充满羞耻感的家庭，羞耻感是可以传染的。它可以轻易地在家人之间传递，最终影响到每一位家庭成员。有时，一个或几个人将聚集本来属于其他家庭成员的羞耻感。这种羞耻感从它原本的拥有者向更加脆弱的人身上转移。这方面的一个好的例子是，那个在孩童时期因为他的父亲酗酒成性而感到难为情的人。

我们称这种羞耻感是“借来的”，目的是着重关注这样一种可能性：我们可以将这种羞耻感“还给”它的最初拥有者。这里的观点是，某个人在某一时刻“载满”了羞耻感，这违背了他或她自己的意愿。这种羞耻感通常源于其他人的行为或态度，往往是比被羞辱者更强大的家庭成员。如今，必须将这种羞耻感“归还”回去，才能让正在治疗的被羞辱者欢迎一种关于他本人的、不带羞耻感的观点。所有这些意味着，归还“借来的”羞耻感，就是要让其他人对他们自己的行为或感觉负责任。

转移的羞耻感可能会被有意或无意地施加给某个特定的家人。通常情况下，当家庭无法忍受真正令人羞愧的问题的羞辱时，就会发生羞耻感的转移。例如，相比于要解决一个家庭里父亲的酗酒问题，责怪和羞辱一个小孩总是容易得多。(“你应当为你自己感到羞耻，年轻人。如果你拿到更好的成绩，让这个家里少一些悲伤，你爸爸就不会那么沉沦，每天只想着喝酒了。”)

的确，对于家庭中大多数的麻烦，孩子常常是被指责的对象。但是，其他家庭成员也可能“借来”羞耻感。当一些孩子没有做到让人人都高兴、事事都“完美”时，他们便被当成羞辱的例子突出出来，而且既感到羞耻，又感到内疚。父母也可能由于孩子的某个行为而感受到“借来的”羞耻感。

治愈“借来的羞耻感”的创伤，关键在于弄清楚，你对某件事情感到的羞耻时，这件事的确与你的行为毫无关系，而是其他家人的行为的结果。如果你打算归还“借来的羞耻感”，你可以告诉自己说，**多年前，我接受了某些本不属于我的羞耻感。我当时觉得，那就是我应当感到羞耻的事情。我的其他家人也这么认为。但如今，我知道我当时根本没有做错任何事情。我不感**

到内疚，也没有任何事情可感到羞耻的。

这里的三个例子中的主人公就归还了“借来的羞耻感”。

丽莎曾是乱伦强奸的受害者，加害者是她已经去世的父亲，丽莎用一些干草、荆棘、一根果实已经枯掉了的葡萄藤以及一些小花扎成一个“耻辱花束”。她把这些东西带到父亲的坟前，将她的羞耻感还给父亲——那羞耻感本来缘于他，并且说了一些她需要说的话，使自己得到解脱。

里克的母亲十分苛刻，总是由于某些她自己感到不高兴的事情来羞辱里克。多年来，他已经接受了她的评价，认为自己很坏。母亲不听里克温和的挑战，而里克也害怕母亲，因为母亲的脾气不好。当里克终于做好了准备挑战母亲给他的羞辱时，他到一家五金商店买了一把大铲子，把一张弓放在铲子上，作为礼物送给母亲。后来有一次，当母亲再次羞辱他时，他告诉他自己说，**母亲现在可以铲掉她自己的大便了。**随后，他戴上自己的帽子，扬长而去。

宝拉有五个兄弟姐妹。当她的弟弟们狂欢作乐，惹上了麻烦时，她常常责怪她自己。因为她自己的羞耻感，于是弟弟们免受责罚。

> 不过，后来她意识到，弟弟都足够大了，能够为他们自己的行为担起责任，而且，她也不是弟弟的“附属物”，这样一来，她便归还了这种“借来的羞耻感”。在她自己的头脑中，她觉得自己是个与众不同、独一无二的人。于是，她围绕自己将怎样与弟弟们交往设立了界限，并且委婉但坚定地告诉他们这些界限。宝拉不再为自己感到羞耻了。

你是不是应该直接表达你对其他家人的决心？是的，如果你的有些家人可以理解你的意思的话。是的，如果家人依然坚持通过转移他们的羞耻感来羞辱你的话。不过，这里的主要目的是让被羞辱的人归还那些有损他的精力的“借来的羞耻感”，而不是坚持认为那些曾经羞辱过他的人现在应当感到羞耻，并以此惩罚他们。

想着原谅羞辱过你的家人，以便你从羞耻感中解脱出来

原谅可能是极其痛苦的。它可能带来了暴怒、憎恨、绝望、从内到外深刻的悲伤等一些强烈的感觉。这些感觉，是对那些由过多的羞耻感造成的不必要的破坏。

在这种对我们青年时代的探索期间，愤怒是一种适当的情绪。愤怒告诉我们，有一些错误的事情发生了。它可以使我们具备一定的能力来改变我们自身的想法与行为。不过，应当小心的是，我们的愤怒不能变成怨恨，后者是一种成效低得多的情绪。怨恨的人是那种紧紧握住愤怒不放、不想放手并如此生活下去的人。

原谅是一种释放怨恨的方式。原谅的目的是治愈自己。原谅可以实现我们与那个伤害我们的人和解，或者与我们对那个人的记忆和解。或者，原谅使得我们结束了一种建立在痛苦和怨恨之上的关系，并继续我们的生活。

记住，原谅是可以选择的。也许我们感到自己受到的伤害太大了，难以原谅别人。也许我们想原谅，却找不到原谅他人的动力。只有当我们意识到我们并不是有义务一定要原谅别人时，原谅才有意义。换句话讲，当我们把原谅视为我们给自己的一个免费的礼物，没有附加任何条件时，原谅才最有作用。真正的原谅不会提出任何要求。如果我们原谅了别人，我们不一定必须爱他、和他和解，或者忘记发生了什么事情。

原谅既是一种态度，也是一个行动框架。一般来讲，我们将意识到，我们花了太多时间来痛苦地思考别人怎么恶劣对待我们。改变态度的标志是萌生类似这样的想法：**我已经厌倦了怨恨。它们曾让我怒不可遏、沉浸在过去。它们只会加深我的羞耻感。我已经准备原谅那些曾经羞辱过我的人，以便我可以继续过自己的生活。**

这种看法的改变，将使我们的行为也发生改变。以前我们深陷怨恨之中时所耗费的精力，如今可以用来照顾我们自己了。你可能还发现，现在你可以怀着不同的想法来接近你的父母了。**过去，假期常常令我感到可怕。我整天都在为一些小事情和父母争辩。如今，我可以接受过去发生的事情。我不必想方设法指责他们了。**

小结

源自原生家庭的羞耻感令人痛苦、异常顽固且极具破坏性。尽管如此，它也可以治愈。治愈的过程包括着重关注对我们造成最大伤害的、表明我们有缺陷的各种信号，并为那些信号给我们造成的伤害感到哀伤。然后，我们可以挑战那些信号，并以体现自豪感、荣誉感和尊严的方式，而不是以体现羞耻感的方式来改变我们的行为。我们需要归还“借来的”或者转移而来的羞耻感，并考虑将原谅作为一种摆脱羞耻感的方式。

治愈源于家庭的羞耻感所导致的创伤，是个缓慢的过程。我们需要将这一努力深入到我们的感觉、想法、行为和精神之中。要记住，改变是可能的。我们不必活在过去的羞耻感中。

练习

练习 1

想要治愈羞耻感，必须了解哪些令人羞耻的表述给自己带来最大的伤害。根据这类信号对今天的你产生的影响对它们进行排序，1 代表最强烈，5 代表最轻微。

表示我有缺陷的信号	我对它们的重要性的排序
我不好	
我不够好	
我不属于这里	
我不值得爱	
我不应当存在	

排好序后，首先从排第一位的信号开始，在一张单独的纸上列举你以什么样的方式收到这一信号。尽可能列举更多的事件。如果你的家人对你极尽羞辱之能事，每次只着重关注一个给你发出羞耻信号的人。在这里尽可能多地列举，不要慌乱。你写在纸上的标题应当看起来是这样的：

信号：　　　　　　　　　　事件：

对自己温和一点。如果你开始感到极度伤心，把这个列表搁在一边，过几天再来列举。也对自己耐心一点。特定事件的列表可能只在你的脑海里浮现几天时间。如果你对自己的童年没有记忆，不可能列出列表上的项目，那么，回过头来接受和爱上一只毛绒玩具，它可能让你回想起自己，抑或回想起你孩提时代的模样。当你做好了准备来面对这个练习中要求你回想的事件时，它们便会浮现在你的脑海。

尽管这个列表可能看起来让人难以应付，但我们的经验是，大多数人列举的事件，包括了他们事实上打算解决的事情——不多也不少，就是那些事。在必要时动用你的后援团；如果你需要一位咨询师，或者你的后援团中有人觉得聘请咨询师很重要，不要犹豫，赶紧聘请。

现在，列举你在那些事件上失去了什么。例如，某个人的列表包括失去了对他或她本人的尊重、失去了对父亲或母亲的尊重、失去了贞洁、失去了拒绝他人并依然被他人爱着的权利、失去了归属感、失去了感到安全的能力、失去了与某个特定的人的关系、失去了意识到自己能够做好某些事情的能力，凡此种种，不一而足。在这个列表中包括那些生理的、心理的和情绪的伤害，因为它们也是健康的损失。纸上的第三个标题应当是这个样子：

我失去了：

练习 2

聚焦一个事件，并竭尽全力记住它。闭上你的双眼，回想起你还是个孩子的时候被人羞辱的情形。你看到了什么？听到了什么？感觉到了什么？如果你有一位年轻的朋友，他或她也和你一样遇到过类似的事情，那他或她需要听到些什么？想象你触碰到并抓住了那个孩子（或者用一只毛绒玩具来代表小时候的你，真正地抓住它），把他那个时候需要听到的东西告诉给他听。接下来，说出你现在需要听到的信号：

- 我很好。
- 我足够好。
- 我值得人爱。
- 我属于这里。
- 我的存在是一件好事。

在这个练习期间变得情绪化也没有关系，但并不一定必须这样。进行这几分钟的练习，目的是让我们自己不逃避，并对自己充满同情、安慰自己和爱自己，也让我们开始对自己曾失去的东西哀伤一番。（注意：如果你看起来无法从心灵上触及你过去的那个孩子的样子，放轻松些。终有一天你能做到这样。）

练习 3

我们需要完成以下一项或几项任务，以诉说我们的忧伤和痛苦：

- 对你的后援团中的某个人倾诉，请他或她安慰你。
- 在你的日记中写下来，并将它从你心中剔除出去。
- 对“至高存在者”诉说，并让它慢慢地治愈。
- 对着风说出来，让风将你的痛苦吹走。

你也许还能想出其他办法诉说你的痛苦与忧伤。把它们写下来。

练习 4

至少列举三种方法，你将通过运用它们来改变你的行为，同时给你自己发出积极的信号，以展现清晰的自尊。

如果这些方法包括挑战源于我们原生家庭的令人羞耻的做法，那么，选择一个特定的问题来开始挑战。不要从最大的问题开始——逐个地解决，最后才解决最大的问题。回答下面这些问题并写出答案。

- 谁羞辱我？
- 特定的令人羞耻的行为：
- 挑战这种行为的可能的方法：

勾选你将会尝试的方法。

在你挑战了令人羞耻的行为之后，回答这些问题：

- 我尊重他人吗？
- 我是不是保持了平静？
- 我是不是清醒？
- 我说的话有没有被人们听到？
- 我是不是要再度尝试去挑战，还是最好不联系？为什么？

练习 5

“借来的羞耻感”并不总是容易归还。部分的原因是它通常与非理性的内疚相联系。例如，我们觉得，如果我们身上没有什么错的话，家人不会表现得如此羞耻。由于我们的这种错误想法，我们对别人的羞耻感或者羞耻的态度承担了责任。

在一张单独的纸上回答下面这两个问题：

- 我是怎样“借来羞耻感”的？
- 为了归还这种“借来的羞耻感”，我得做些什么？

练习 6

原谅那些曾经羞辱我们的人是治愈过程的一个重要部分。这意味着接受他们的本来面貌，好比我们接受自己的本来面貌一样。这并非一项义务，也并非对他们行为的认可，只是一种我们共同的人性。原谅只应该作为治愈过程的最后步骤，而不是第一个或第二个步骤。很多人起初一定允许他们自己发泄怒火。我们不应将原谅用来缩短我们对健康的怒火的发泄，这种愤怒有助于我们形成一种截然不同的新的身份感。

当你确定自己做好了原谅的准备时，或者，若你逐渐累积了许多怨恨，需要试着原谅才有益于自身的健康和幸福，请回到这个练习中来，做完它。

现在，你愿意原谅了，那么，首先指名道姓地列出你希望原谅的人，并且列举你从与他或她的关系中获得了什么、学到了什么，或者对你们之间的什么事情感到感激。只列举正面的事情。

然后列举你可以想象的发生在这个人身上的最美好的事情，包括你也希望发生在你身上的最美好的事情。

深深地呼吸，放松身心。想象某一件或好几件这些美好的事情发生在你正打算原谅的人身上。接着第二次、第三次这样想象。尽可能让自己内心形成清晰的心理画面。每天这样做五分钟，仿佛自己看到美好的事情正发生在你打算原谅的人身上。一直坚持这样做，直到你觉得看到这些事情发生时，你自己真的感到很高兴了。继续练习，直到你每次想到这个人时都心如止水为止。

如果你和这个人之间有一种令人不舒服的个人关系，限制你和他或她相处的时间，并注意观察你在离开时的感觉。你原谅这个人，目的是增进你自身的幸福，不论他是否会因为你改变了态度而受益。不要指望他会为了回应你的原谅而改变他或她自己——原谅是一件不带附加条件的礼物。

第13章

治愈当前的个人关系中的羞耻感

他们是一对令人讶异的夫妻。他告诉她说，她是一位很糟糕的母亲；而她则质疑他表达感情的能力。两人就像这样继续下去。接下来，他们对这种关系中发生的事情感到可怕——他们用憎恨和羞耻替代了爱与尊重。他们需要休战，但是，一旦他们不再相互指责，他们会感到害怕，害怕这让他们都显得软弱。

“我回顾了他多年来的行为。我观察他的每一个举动，寻找他想看低我的蛛丝马迹。我甚至从来没有注意到我怎样羞辱了他。如果我确实羞辱了他，我会告诉自己，我只是在为自己防御，这合情合理。只有我下定决心不再羞辱他了，我们之间的关系才会开始改变。”

“够了。我已经向我的男友解释说，我不再容忍他的辱骂。但他拒绝改变。他每天都在我们的朋友面前责骂我。他说我活该被骂，他不会为自己的行为承担任何责任。我再也没法和他生活下去了。当他故意变本加厉地羞辱我时，我怎么可能让自己感到不太羞耻呢？”

我们之间的问题是权力。他像挥舞着棍棒似的运用着自己羞辱别人的权力。工作中的同事、生活中的朋友和家人，都害怕他出其不意的指责。他只要一看着他们，便能让他们感到卑微。羞辱他人是他持续保持对他人的控制的方式，这成了他最好的武器。

以羞耻为中心的个人关系，围绕着过多的羞耻感而构建。这种羞耻感可能只朝一个方向转移（通常是从某个更强大的人转向另一个更弱小的人），或者，也可能通过两个人相互开展的破坏性羞辱的竞赛，在两个人之间转移。不论是哪种方式，围绕羞耻感而建立的个人关系伤害了关系中的双方，即使是那些似乎从中获得了权力与控制的人。以羞耻为中心的个人关系伤害了每个人的尊严，使双方朝着更亲密关系发展的可能性变得微乎其微。

因此，我们这里的目的是将以羞耻为中心的关系交换或转变成以荣誉、尊重和尊严为中心的关系。这里介绍一些帮助你达到这一目标的指导原则。

治愈当前以羞耻为中心的个人关系的指导原则

（1）首先清醒地知道你在自己的重要个人关系中怎样羞辱对方。

（2）注意观察你通过羞辱他人获得了什么。

（3）注意观察你的羞辱行为对你自己和他人造成了什么样的伤害。

（4）将你的羞辱行为与你自身的羞耻感和自我憎恨的问题联系起来。

（5）下定决心不再羞辱他人，不论他们如何对你。

（6）用尊重他人的行为来替代羞辱他人的行为。

（7）注意观察一些对你来说重要的人怎样羞辱你，以及这种伤害如何造成。

（8）面对和挑战这种直接针对你的羞辱行为。

（9）考虑摆脱依然以羞耻为中心的个人关系。

（10）致力于培育不以羞耻为中心的关系。

首先清醒地知道你在自己的重要个人关系中怎样羞辱对方

坦白地讲，对大多数人而言，关注别人怎样羞辱他们，总比关注他们自身的羞辱行为容易得多。我们的意思是，如果我们有一种羞辱自己生活中重要的人的趋势，那么，首先关注这种趋势将会更有成效。尤其对于双向羞辱的个人关系来说更是如此，在这种关系中，双方都把羞辱当成一个获取权力与控制的武器。

这里有一个典型的例子：一对夫妇抱怨他们成天争吵和打架。吵完后，每个人都指责另一方做了让他或她感到苦恼的事情，这种指责可能持续几个小时。没有哪一方有太大的兴趣听对方说什么；他们都在忙着指责。每个人都十分清醒地知道自己怎样被对方羞辱，但都不愿意改变他们自身羞辱对方的行为。

没有人轻易地放弃权力，这是一条普遍原则，在以羞耻为中心的个人关系中，这条普遍原则引出了一条更为具体的原则：没有人轻易地放弃羞辱他人的权力。因此，在要求别人停止羞辱你之前，至关重要的是先实事求是地评估你自己的言辞、想法和行为。

首先从辨别那些最直接和最强力的羞辱指责开始。这些是你施加给伴侣（或者生活中另一些重要人士）的刻意的侮辱。有一些这样的侮辱可能在公开场合进行——这种行为恰如其分的名称是**蒙羞**（humiliation）。另一些侮辱可能更隐秘一些，但具有同样的破坏力。在长期的个人关系之中，更加隐秘的侮辱通常是可以预见的。对另一个人而言，它们是蔑视的公开信号。这种隐秘的侮辱开始发挥作用时，将让你的伴侣感到十分渺小和软弱。

接着想一想你贬低别人的一些更加不易察觉的方式。当你的孩子想和你说话时，你是不是厌恶地翻了翻眼球？你有没有经常打断你的伴侣的话，因为你觉得自己比他或她知道的东西多得多？你是不是十分频繁地对他认真的评论报以微微的窃笑？你有没有对某人的说话十分厌烦，甚至他说话的时候你都不听？你还以哪些不容易察觉的方式羞辱你身边的人？

如果你找不到自己羞耻其他人的事例，怎么办？首先，回头再审视一番。记住，面对我们自己内心的这一部分往往很难，否认我们的羞耻行为则很容易。然后，和其他人一道直接审视自己，问他们是否觉得被你羞辱了、什么时候感受到了你的羞辱，并且注意他们对你的行为的反应。留心观察和你交谈的人看上去窘迫或者似乎变得更加卑微和软弱的时候。此外还要记住，羞耻感的一种防御方式是勃然大怒。某人突然对你十分震怒，也许是在回应你说过的某些羞辱的话语。

也许你不去羞辱其他那些确实羞辱过你的人。那么，你便是一种单向的羞辱关系中的受害一方。即使如此，也让你自己了解一下这些指导原则中接下来的几个步骤，以此来核实你是否在自己不知道的情况下羞辱了他人。然后，把注意力集中在最后的几条建议上，它们着重阐述怎样面对他人的羞辱。

注意观察你通过羞辱他人获得了什么

羞辱他人的原因之一是习惯使然。有时，羞辱变得极其常见了，以至于某人自然而然地羞辱他人。人们还可能因为许多别的原因羞辱他人，其中一些原因是渴望获得权力与控制、希望感受到自己高人一等，以及作为一种应对暴露他们自己羞耻感的防御方式。

有时候，**我比你更强大**是运用羞辱他人来获得权力与控制的那些人的潜台词。他说她软弱、无能、一无是处、智慧薄弱。他之所以指出她的这些缺点，是想作为他应当控制她的人生的证据。这些信号可能是不加修饰的。（你这么不负责任，我不得不管理你的工资卡。）或者可能稍显微妙。（再试一试吧，亲爱的。总有一天，你将学会如何管理你的钱财。但在那一天到来之前，最好是由我来管理我们的工资卡。）

我比你更好则是从某位希望自己感到比伴侣或同事高人一等的羞辱者的潜台词。他紧盯别人人身的或知识上的“缺点”。例如，他可能说女友太粗野、没有教养，或者没有资格和他平起平坐。这个人羞辱别人，使他能够继续感受到自己特别有天赋。他运用羞辱来维护他的声望。

最好是你而不是我通常是羞辱别人的某人内心的秘密想法，他这么想，目的是让别人不能羞辱自己。这种防御策略在双向的羞辱关系中很常见，在这种关系之中，羞辱比赛好比家常便饭。这种想法的初衷是先发制人。例如，如果一个女人在她的丈夫指责她暴饮暴食的习惯之前，先指责她的丈夫懒惰，那她就保护了自己，不让自己的羞耻感暴露出来。

羞耻感有助于让某人保持强大、有威望，也可以让他或她感到安全。那么，为什么要让人们自愿地选择放弃这一不错的武器呢？事实上，有些人拒绝停止羞辱别人。他们把对别人的支配摆在首位，把和别人的亲密关系放在其次。他们觉得，尊重他人、给他人面子，是软弱的表现。

我们认为，大部分不再羞辱他人的人，是出于一个自私的原因才这么做的。他们意识到，他们不可能假装自己某种程度上比所有人更强大、更明智或者更优秀，以治愈他们自身的羞耻感。他们发现，只有放弃他们坚称的天生优越感和自卑感，才能向着人性、谦逊、能力和自主的原则来改变。只有当他们认为自己爱的人是足够好的人，才会找到他们自己在人类社会中的立足之地。

有些人想要和其他人建立不感到羞耻的个人关系，他们必须好好地审视，通过羞辱他人，他们都得到了哪些收获。知道这一点后，他们便可以确定是不是想要改变自己的行为。

注意观察你的羞辱行为对你自己和他人造成了什么样的伤害

羞辱指责伤害了我们关心的人。现在是时候认真关注这种伤害了。你羞辱了自己的孩子之后，他们是不是跌跌撞撞回到自己的房间不肯出来，甚至也不出来玩了？当你一再重复某个最好是不要提及的话题时，你的同伴是不是看起来有些窘迫？当你对同事的个性进行疯狂指责时，他们是不是对你敬而远之？

通过羞辱来伤害他人，并不需要出色的技巧，任何人都可以。大部分人对羞耻感很脆弱，因为他们需要获得他们人生中一些重要人士的认可。我们认为，克制自己不去羞辱他人和显示自己一贯的关爱和欣赏，反倒需要更多技巧。

这里进行具体描述。听一听以下两种说法之间的不同。

- "我猜我用自己的羞耻感伤害了她。我一定有这种羞耻感，但我不知道怎么回事。"
- "当我说她愚蠢时，我可以看到她脸上痛苦的表情，这表现为她眨眼睛并低下头。"

注意，第二种说法为羞辱者提供了准确的提示。从现在开始，他可以提醒自己，假如他说了某些话或做了某些事，可能导致其他人像第二种说法中那样回应，那他不希望自己说那些话或做那些事。而且，如果他确实察觉到某人以那种方式回应，他可以告诉自己，他可能触及了那个人的羞耻感。接下来，在给那个人造成更大的伤害之前，他可以选择改变自己的行为。

羞辱者还应当关注对自己造成的伤害。问自己：在羞辱地指责别人后，我的感觉是否更差，而不是更好？我是不是觉得被孤立和孤单？我是否惹得别人也开始羞辱我，仿佛两人之间发起了一场羞辱竞赛？我在羞辱别人时，是不是觉得自己也不是一个完整的人？我觉得内疚吗？这里同样要尽可能具体地回答这些问题。模糊的回应是无益的，因为它们不会让人们真正地改变行为。

警告：不要急匆匆地一下子做好所有的事情。如果这样，你可能被羞耻感和内疚感压得喘不过气来。多花些时间，了解你自己，刚开始时步子迈得小一点，挑容易的事来做。给你自己一些时间，在你的生活中做出一些真正的改变。

将你的羞辱行为与你自身的羞耻感和自我憎恨的问题联系起来

许多习惯性的羞辱者对他们自己也感到深深的羞耻，而且内心充满了自我憎恨。此外，他们常常用一些自己真正相信的关于自己的羞辱语言来侮辱他人。例如，一位员工称他的同事无聊和乏味，他内心可能秘密地认为自己就是无聊和乏味的人。他将自己的羞耻感“投射”到别人身上，如此一来，他便不再感到自己有缺陷了。

重要的是在你观察自己怎样羞辱他人的时候考虑以上这种可能性。特别要注意你最常运用的一些说法，你最有可能认为自己就是那种人的那些说法。此外，还注意观察与你羞辱的人根本不相符的一些侮辱言语，比如，你说某个人懒惰，但他明显并不懒。在这种情况下，你可能又一次触及了自己内心的羞耻感。

这并不意味着你说出的每一句令人厌恶的话都涉及你的羞耻感，同时，你也不能以为，人们对你做出的所有羞耻的评论，都体现了他们自己的羞耻感。人们相互羞辱，还有许多其他的原因。

我们羞辱他人，可能掩盖了某个人从我们这里遭受的羞辱，但它不可能治愈我们的羞耻感。我们必须有勇气面对自己的羞耻感，而不是企图通过责怪和指责他人，将这种羞耻感转移到他们身上。在我们意识到自己的羞耻感之后，下一步是致力于不再用自我憎恨来羞辱他人。

下定决心不再羞辱他人，不论他们如何对你

我们认为，羞辱他人将伤害羞辱者本人内心的尊严。攻击他人，让攻击者本人远离了他自身的人性、谦逊、自主与能力。从长远来看，羞辱他人将会增大而不是减小羞辱者本人的羞耻感。希望从他自己的羞耻感中摆脱出来

的人，需要认真地下决心阻止自己羞辱别人。

“我确实应该不再羞辱我的丈夫，但如果他仍在继续羞辱我，怎么办？只有他不再羞辱我，我才能够答应不羞辱他。”这个人将她自己下定决心的责任交给了她的丈夫。她让他来决定她将怎样过自己的生活。如果他同意不再羞辱她，接着又食言了，她就有借口重新开始自己的羞辱行为。

关键是我们不可能自己不采取行动而期望这个世界变得更加美好。在我们认真地下定决心改变我们的行为之前，不可能等到其他每一个人都不再羞辱我们。自我决定意味着我们对自己的行为负责。只要我们意识到羞辱我们关心的人只会削弱我们自己，那就是时候停止羞辱他人了。

如果你已经习惯了说某个人既肥又丑，那么，今天就下定决心将这两个词从你的词汇表中删除。不允许自己嘲笑某人微小的失败。今天就决心不再公开侮辱你的同伴。接下来遵守这些决定。别说自己努力不去羞辱他人，而要说**不再羞辱他人**。如果你违背了这一承诺，不要指责自己，而是立刻向那个人道歉，以求马上纠正，然后重新对自己承诺不再羞辱他人。还要记住观察和控制你的表情和身体语言，防止以恶劣的表情来羞辱他人。

有时候，别人会对你的改变予以积极的响应。现在，你不再贬损他们了，他们也可能不再羞辱你。努力把那些改变想象成你的决定带来的美好奖励而不是回报。不再羞辱他人，真正回报是你将获得更大的自尊感。拒绝羞辱他人的人，也不太可能去羞辱自己。

用尊重他人的行为来替代羞辱他人的行为

当人们停止某一种行为，但却不用另一种行为来替代它时，便制造了交流的真空。例如，一对夫妇意识到，相互羞辱对方对他们之间的关系造成了损害，一致同意不再羞辱对方。但如此一来，他们发现两人再也无话可讲。他们的关系以羞耻为中心，以至于一旦不存在这种连续的相互指责和批评，事实上就完全空虚了。

表扬、尊重和欣赏是用来替代羞辱的言语和行为的一些积极方式。对于已经习惯羞辱他人的人，这些新的行为起初可能难以做到。许多人必须下意识地学习怎样以不加羞辱的方式讲话。首先，他们需要关注别人的一些好事情，而不是紧盯别人的缺点。其次，他们必须学会怎样告诉别人，他们尊重和欣赏他们。最后，他们需要抗拒用谴责来表扬的冲动，这种方式的表扬，将把羞辱行为依然奉还给对方。

如果你打算学会以不加羞辱的方式来说话，请记住以下几点。

- 用全新的决心来开始每天的生活，决心尊重他人的尊严。
- 下意识地注意你关心的人的积极言语和行为。
- 寻找出现在你生活中的每个人内心的善良。尊重建立在欣赏之上，要欣赏他人的人性，不论他们的特定的行为怎样。
- 告诉其他人，说他们好、足够好、值得爱，而且十分重要。不要让那些话卡在你的喉咙。
- 绝不要用表扬来为批评做准备（“我确定自己很喜欢你今晚炒的菜，但是……”）。
- 你可以一面尊重他人，一面和他们持不同意见。在个人关系中，有些冲突是不可避免的，但那并不是羞辱行为的借口。
- 你在表达对他人的欣赏时，不要预期或要求他人报以赞赏。你可能得不到这种赞赏。不要将这一点作为指责他人的理由。
- 当你用尊重替代羞辱时，关注你的内心发生的改变。要记住，你是这种全新行为的最终受益者。到最后，尊重他人将增强你的自尊感。

注意观察一些对你来说重要的人怎样羞辱你，以及这种伤害如何造成

一旦你已经下定决心尊重他人，那你就做好了准备来认真地关注其他人怎样羞辱你。这并不是说你必须做到完美无缺或者再也不羞辱其他人。那是不可能的。

关键在于，在你转变自己的羞辱行为之前，你不可能期望其他人停止羞辱你，这是不切实际的。

首先从一种当前正在维系的个人关系开始，在这种关系中，你怀疑自己经常遭到羞辱。一星期花几天时间专门研究这种羞辱的规律。别忘了关注你怎样羞辱他人以及他人怎样羞辱你。

细致地观察羞辱的习惯养成之后反复出现的一些言语和行为，比如某个人总认为自己在另一个人面前有优越感，于是自以为高人一等地拍一拍后者的脑袋，或者经常忽视后者说的话。要注意，微妙和粗鲁都会伤害你的自尊。注意观察某人似乎在故意羞辱你的时候，将这些时候与看起来并非故意羞辱的情形进行对比。你甚至还要注意，有的时候，你听到一些原本打算让你感觉更好的消息，却反而让你感到被羞辱。努力记住这一点：在许多个人关系中，羞辱更多是偶然出现的，需要加以应对，并非别人渴望给你造成永久的伤害。

当感受到某个信号或某一行为的人觉得自己的人性降低、谦逊感降低（觉得自己比别人更好或更坏）、自主权下降，或者能力不如别人时，不管发出这一信号的人出于什么样的意图，这种信号或行为都是羞耻的。重要的是你要了解其他人的羞辱信号以怎样的方式伤害你。

- 在和某个特定的人交谈之后，我是不是感到自己在某些方面肮脏或者不干净？
- 和这次交谈之前相比，我是否觉得自己不那么聪明或能干了？
- 我是否感到，除非我放弃自己的独立性并完全按照这个人的想法来做，否则这个人不可能接受我？
- 在这个人的面前，我是不是经常觉得自己渺小和幼稚？
- 这个人是否十分频繁地谈到我的不足和缺点？

回答这些问题，有助于辨别羞耻带来的即刻效应。同时，还必须关注它的长期后果。重点关注你和别人至少在最近几个月内的个人关系，多问自己几个问题。

- 总体来说，这个人怎样帮助我感受到我是一个有价值的人？
- 这个人怎样减弱我的自我价值感？
- 和他 / 她的关系究竟是培育了我内心的力量还是滋长了我的缺点？
- 这种关系怎样增强或减弱我的羞耻感？
- 这种关系是向着相互尊重的方向发展，还是向着远离相互尊重的方向发展？
- 现在和从前相比，我的生活是不是多多少少变得有意义了一些？同时，这与那种关系有怎样的关联？

羞耻感导致伤害。在这里，你的任务是更加清醒地了解，直接针对你的羞辱怎样对你造成伤害。具体一些，好比你在评估你自己的羞辱行为怎样伤害了其他人一样，努力做到既不夸大也不缩小——尽可能准确地评估。在你面对和挑战羞辱行为的时候，你需要接下来明确地和正在羞辱你的人谈一谈。

面对和挑战这种直接针对你的羞辱行为

现在到了我们下决心的时候。我们是不是继续前进，在掌握了我们已经了解到的信息的基础上，来面对那些羞辱我们的人呢？为了获得尊重的和欣赏的对待，我们有没有胆量去冒着被他们拒绝、愤怒对待、防御以及进一步羞辱我们的风险？我们愿不愿意面对被抛弃的担心？要知道，这些担心体现了我们对自己的怀疑，怀疑我们身为人类的有效性。

想到挑战某个有权羞辱你的人，不禁让人望而却步。然而，羞辱持续的时间越长，而且被羞辱者不提出异议，对他的伤害也就越大。没有受到过挑战的羞辱会直接伤害到一个人自我概念的核心。如果某个人希望感受到健康的自豪感和尊严，迟早得去直面那些羞辱他的人。他得告诉那些羞辱者，他再也不愿意置身于那些使他的羞耻感有增无减的关系之中。他要求羞辱者在言行上做出一些特定的转变，以提升自尊而不是加深羞耻。

如果你决定直面羞辱行为，以下是几条建议：

- 坚定而清晰地说出你的目标，也就是说，准确地了解你想从其他人那里获得些什么。
- 围绕激发你的羞耻感的行为，做好列举一些具体事例的准备。
- 在直面羞辱行为的时候示范一些对你和其他人的尊重的行为，也就是说，首先不要羞辱任何人。
- 在别人立即的辩护、伤害或威胁面前绝不让步。
- 记住，你的目的不是惩罚，而是鼓励其他人改变他或她现在和以后的行为。
- 不要指望改变会马上见效，而是预期这种改变将在长时间内逐步发生。
- 在你和对方都完全了解了你们关系中存在的问题之前，首先要意识到，

你可能需要和他 / 她进行几次交谈。

- 做好准备来应对你和那个人相互羞辱的话题。

这些建议听起来也许颇为复杂。实际上，只有一项行动是必需的。**某种程度上，你必须告诉经常羞辱你的人，你不再接受他们的羞辱行为。**羞辱让人恶心。是时候坚持让你生活中重要的人士做有益于你的健康的事了。

考虑摆脱依然以羞耻为中心的个人关系

羞辱的习惯很难打破，即使当两个人都想到不再羞辱对方，也很难摒弃这种习惯。当一方或双方继续羞辱另一方时，打破羞辱的习惯甚至更难。也就是说，一旦羞辱仍在继续，挑战了以羞耻为中心的个人关系的那个人，需要摆脱那种关系。

被羞辱的人可能对离开羞辱自己的伴侣（或者老板、朋友）的想法感到有些害怕。他们甚至担心没有人会接纳他们。令人悲哀的是，他们被那种自己无法想象能够摆脱的那种羞耻感麻痹了。他们已经失去了信心，觉得他们自己不值得在这个世界上占据一席立足之地，让自己活得有尊严。

除了你自己之外，再没有别人能告诉你摆脱某种羞辱的关系。对他人来说，那些决定完全是你个人的决定，而且至关重要，他们不可能替你做出判断。但是，合理的做法是问一下某个人，他 / 她在保持与某一个人的关系时预期能从中获得什么。如果听到的答案是更多的羞耻、责任以及不开心，那么，是时候摆脱这种关系了。

有些以羞耻为中心的关系无可挽救。羞耻已经深深渗入和控制到两人的绝大多数互动之中，不可能再有所改变了。此外，有些人似乎不能或者没有兴趣来学习和实现尊重对方的交流。为了提升自尊，这些关系到最后必须趋于结束。

致力于培育不以羞耻为中心的关系

在当前的个人关系中直面羞辱行为的人将会发现，他们勇敢地面对羞辱之后，羞辱的情形日渐消失了。第一，他们羞辱别人的频次减少了。第二，他们被别人羞辱的情况也日趋减少。第三，他们可能注意到，他们更多地受到那些试着尊重而不是羞辱他们的人的吸引。

必须培育不对对方加以羞辱的个人关系。这类关系中的人，总是有意识地相互尊重对方。在羞辱行为出现时，双方都需要勇气来挑战它，以防羞辱给双方造成太大的伤害。建立了相互尊重的个人关系的人必须记住，他们的伙伴、朋友和同事，值得他们公平地对待。

相互尊重的个人关系有助于治愈羞辱的创伤。只有当双方都致力于克制自己羞辱对方的冲动时，这种治愈才变得可能。这些关系通过双方的决心、交流，有时候还需要通过艰苦的努力才能维持下去。

在无名者戒酒协会之类的自助型协会之中，“坚持到底”是一句被反复强调的口号。我们也想提同样的建议。能够坚持到底的人，是相互之间用荣誉、尊重和体面来对待对方和自己的人，也是那些不再相互羞辱的人。

小结

在当前的个人关系中存在的羞耻可以被治愈。治愈的过程，首先从观察我们怎样羞辱他人开始。然后，你可能决定改变你的羞辱行为，不再羞辱他人。接下来的重要一步是面对和挑战那些羞辱你并给你带来伤害的人。

经常遭受羞辱的人难以对自己产生良好的感觉。因此，治愈羞耻的一个目标是发展和保持相互尊重的个人关系。尽管这些关系可能陷入了深深的羞耻感之中，但我们相信，它们是可以改变的，只要双方都想去改变，或者，至少有一方拒绝继续伴随羞耻感生活下去。但是，有的个人关系无法变成相互尊重的关系。在这种情况下，为了保持你的自我价值，你可以选择脱离这种关系。

练习

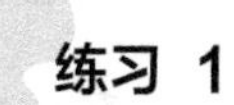

练习 1

在一张单独的纸上列举你羞辱他人的主要方式。

接下来，对以下描述的你通过羞辱他人而获得的任何结果前画圈。同时，列举你想到的其他结果。

感到我在掌控局面	停止内心的批评	感到愉快
分担痛苦	不必做一些事情	复了仇
释放了紧张情绪	强辩到底	成为正确的一方
成为最好的一方	让他们不再批评	获得了安全距离
变得自私	知道我很优越	感到十分强大
迸发出身体的力量	变得生气	得到了我想要的东西
不一定产生感觉	变得抱怨	

对以下描述的你由于羞辱他人而失去的东西之前画叉。对你在羞辱他人时他人失去的东西之前画圈。

信心	爱	亲密
自豪	平静	尊重
自尊	友谊	信任
自然	尊严	趣味

特别是，当你羞辱了他人时，你怎样看待他们受到的伤害？

练习 2

有些父母对他们年轻时的“狂野”感到羞耻，他们可能不需要太多正当理由便指责孩子的性行为，以此来羞辱孩子。刚刚违反了某条规则的孩子可能羞辱他们的弟弟或妹妹，即使弟弟妹妹没有做任何事情，也被他们说成很坏。同伴们也像这样“投射”，由于他们相互之间看到对方的缺点也恰好是他们自己身上的缺点，因此，他们相互羞辱。现在列出一个列表，在表中写下这样一些缺点：它们是你羞辱别人时指责的对方的缺点，其实也正是你觉得自己身上存在的缺点。要做到诚实！

练习 3

在一张单独的纸上，以下列形式来下定决心，决心不再出现特定的羞辱行为。如果你违反了这些决定，意味着你得向他人道歉，**不论这个人怎么对你**。你的决心是通过自己的行为来赢得尊严与自尊。

人物：

我怎样羞辱他 / 她：

我下决心不再羞辱这个人：

日期：　　　　　　　　　　　　　签名：

第一天的结果：

第一周的结果：

第二周的结果：

第三周的结果：

第一个月的结果：

第六周的结果：

练习 4

现在，你做好了准备来思考别人怎样羞辱你。只选择一个人开始，这个人可能是一位伴侣、父母、孩子、兄弟姐妹、老板、同事或咨询师。在一张纸上写下直接针对你的羞辱信号。记住那些表示**你不好、不是足够好、不值得人爱、不属于这里、不应当存在**的信号。这些信号可能通过言语表达，抑或通过无声的姿态表达。写好了这张纸之后，它应当是这个样子：

信号：

接收该信号的方式：

首先选择一种羞辱行为来挑战。在你看到挑战的结果时，也许希望挑战其他的羞辱信号。在挑战时做到明确、具体和尊重。一定要运用在“面对和挑战直接针对你的羞辱行为”那个小节中提到的指导原则。在一张单独的纸上回应这个练习。

- 我现在收到的羞辱的信号：
- 我想要收到的不带羞辱的信号：
- 在这次交谈期间我要说或者要做的两件事情：
- 在这次交谈期间我不会说或者不会做的两件事情：
- 如果我面对的这个人变得戒备，我将：
- 如果我面对的这个人道歉，我将：
- 不管怎样，我将会：
- 不管怎样，我将不会：

第14章

治愈自我羞辱的创伤

“认为自己毫无价值和一无是处的想法仍然会回到我的脑海之中，很多时候，我想承认自己确实如此。但是，我对这些想法不会感到过于兴奋了。我越是尊重我自己，羞耻感施加给我的压力就越小。”

他过去总把自己想象成一个“废物”。现在他知道，自己一定是个“值得保留的人”。他开始欣赏自己。此外，他对自己也更加尊重了。最后他意识到，一个想要乐享生活的人，绝不能用厌恶和自我憎恨来填满他/她的内心。

“我彻底被孤立了。我感到我和家人、上帝、整个世界，以及和

我自己全都失去了联系。我不知道自己为什么活着。我只剩下了满腔的羞耻感。到最后，为了使我的生活变得更有意义，我追溯自己内心的根源。一旦我找到了自己的精神核心，我的羞耻感开始渐渐减少了。”

他觉得他永远不可能停止羞辱自己。即使经过多年的治疗后，他仍感觉到一阵阵的自我憎恨和蔑视。有一天，他突然带着一种简单的想法醒悟了过来：今天能够活着，真好。他准许自己庆祝自己的人生。从那一刻起，他可以接受他自己，并且欣赏他在这个世界上的存在，觉得这是个奇迹。

如有必要，在阅读这一章之前，先快速浏览一下第 11 章和 12 章介绍的治愈羞耻感的一般指导原则。那些观点中的很多在这里极其重要，比如对自己耐心一些、将羞耻感作为人类状况的一部分加以接受、寻求帮助、挑战羞耻感、采取心理的和实际的行动来减轻羞耻感。这里的指导原则是对一般原则的补充。

治愈自我羞辱的想法和行动的指导原则

（1）注意那些似乎自动冒出的谴责的信号。

（2）挑战这些想法并用肯定的想法替代它们。

（3）尊重你自己。

（4）庆祝你的存在。

（5）为你自己的人生提出积极的心理形象。

（6）重塑或提升你的精神生活，为你的存在寻找积极的意义。

注意那些似乎自动冒出的谴责的信号

我们可能反复告诉自己，我们不像其他人那么优秀。如果我们频繁地道歉，或者以为我们说的话对其他任何人都没有意义，那么我们可能认为自己的确不如其他人。我们的自我羞辱还可能隐藏在看不见的地方，主要方式是侮辱或贬低我们自己。许多人重点关注一些似乎十分频繁地出现并且“自动”冒出的信号。这些信号是他们的羞耻感的标志。例如：

- 我从来没把事情做好过。
- 没有人真正爱我。
- 我一定有什么问题。
- 我真的什么都不是。

这里需要你的耐心。停止自我羞辱的第一要务是完全理解你怎样谴责自己。这意味着关注那些未经仔细思考而自动冒出的想法，还意味着不要在没有完全认识那些想法的强大力量和顽固性的情况下，就急匆匆去改变它们。记住，我们必须学会如何耐心地对待这些羞耻感，然后才有希望塑造全新的生活。

我们得变成客观的审视者，冷静审视我们所处的局面。我们必须反省我们自己，并且回答类似下面这些问题：

- 关于我自己，我想到的或者大声说出来的哪些东西加剧了我的羞耻感？

- **我听到这些自我谴责时，做了些什么？**
- **我在审视这些想法之后发生了什么？它们怎样影响我的感觉和行为？**
- **关于这些想法的准确性，我有多确定？**
- **我什么时候确定这些想法是真实的？**

对于这一任务，我们可能难以着手执行或成功完成。一个方面的原因是，羞耻感已经弱化了我们的兴趣和兴奋感。如果我们觉得乏味和无聊，就难以对自己保持好奇心。另一个方面的原因可能是我们相信自己很坏，坏到对自己不抱任何希望。或者，我们可能担心，注意我们的羞耻感只会让它进一步加深。这些原因中的每一个都是有效的。我们每个人都有权选择在什么时候、什么地方、以怎样的方式以及是否开始减轻自我羞辱。

无论如何，如果我们想将自我羞辱的想法和行为对自己造成的伤害降至最低，就得花时间和精力来回答这些问题。重要的是，在回答这些问题时，我们并不会通过责怪自己拥有这些自我羞耻的想法来加深羞耻感。例如，我们不应有类似这样的想法：**该死，我又开始了。这是另一种羞耻的想法。我确实有问题。我一定是不正常。**

相反，要意识到现在的你正通过回答这些问题而获得宝贵的信息。你正在探索自己以前是怎么责备自己的，以便迅速开始挑战那些羞耻的想法，并增进你的自尊。

挑战这些想法并用肯定的想法替代它们

当你挑战你的自我羞辱的想法时，你开始和自己进行对话。

幸运的是，每一个信号都指引着你肯定自己，那种肯定有助于治愈羞耻感。这些积极的信号通常像责备那样简洁而明显。例如，对“**我从来没把事**

情做好过”这种羞耻的想法，要用“**我可以把事情做好**”来挑战。此外，要将“**没有人真正爱过我**”的想法转变成“**我很可爱**”。同时，“**我一定有什么问题**”的想法，可以用“**我没问题**”或者“**我一定有我的长处**”等想法来挑战。最后，对于“**我真的什么都不是**”的想法，要转变成“**我是有用的人**”。

并不是一个信号便能治愈所有的羞耻感，因为我们每个人的羞耻感都是独特的。那正是我们需要辨别自己对自己的肯定的原因，如果我们的生活充满了羞耻感的话。这些肯定应当明确而简洁。它们必须直接挑战我们心中一两个最显著的羞耻信号。此外，当我们对自己说出这些自我肯定的话时，它们至少有一点点可信度。

想象在你的脑海深处进行如下这样的一场对话。

被羞辱的自我：**我知道我一定出了什么问题。我知道这一点已经好多年了。**

得到尊重的自我：**我厌倦了听你说这些。我确定自己一定拥有某些长处。**

被羞辱的自我：**胡说。我出问题了、受伤害了、一文不值了。**

得到尊重的自我：**我是人。我有自己的闪光点。**

你可能无法赢得这场内心斗争。但重要的是，你实际上挑战了你的羞耻感，而不是让它继续掌控着你的生活。你和羞耻的信号进行了争辩，多少年来，那些信号一直没有受到过你的质疑。

注意你对自己存在的价值所做过的假设。“事实”并不一定有很大的用处，因为你不一定通过引用你的优秀事迹、纯洁的想法或者成就来证明你身上的闪光点。**由于你想要有些闪光点，那么，你身上就有闪光点。能否从过多的**羞耻感中恢复过来，部分原因在于你下不下得了决心。

你的理智和理性一定在治愈过多羞耻感的过程中很重要。它们为治愈羞耻感的对话做准备。但是，光靠理智和理性，不可能显著改变你对自己身份的基本假设。光靠它们，不能为你提供存在的理由，也不可能给你的人生添加意义。你需要对自己说：**我存在，我很好。**你必须确定对你自己以及你的世界有着坚定的信念。

尊重你自己

无名者戒酒协会提出了“假装”想法和行为的观点。它们要求刚刚恢复过来的、对自己的戒酒决心依然不确定的人“假装好像”他真的想要保持清醒。随后以一种完全投入的方式来行动，比如参加戒酒协会的会议，而不是在酒馆里消磨时光。很多时候，开始假装自己想保持清醒、不再沉溺于酗酒的人，到最后增大了这种做法的价值。他的身体和头脑都给予了很好的响应，使得他终于珍视自己的戒酒成果，不再需要饮酒了。

你可能也得采用这种“假装”的想法和行为，开始从自我羞辱中恢复过来。特别是，你也许得问你自己：**如果我真正尊重自己，现在我需要做些什么?**

不要等到你摆脱了过多的羞耻感之后才开始尊重自己。相反，立即着手训练自己保持健康的自豪、尊严和荣耀的习惯。那意味着，无论何时，只要有机会，你可以用关心自己的想法和行为来替代自我羞辱。

为了了解自我尊重的行为是怎样的，你可能得请别人帮你。你需要那些似乎尊重自己的人向你示范这种行为。你甚至可以直接和这些人交谈。他们也许能和你分享他们自己的经历，也就是说，告诉你他们是怎样学会关心自己的。他们中的某些人一定还短时间练习过“假装”。

庆祝你的存在

这种庆祝是简单的庆祝。它是私底下进行的，涉及你个人。大多数时候，它包括每天都提醒你欣赏自己和享受生活。

与庆祝你的存在相对的是为你的存在而道歉，后者是许多深感羞耻的人常做的事情。

在开始或者重新开始这种庆祝时，记住以下四条原则：

（1）人性

（2）谦逊

（3）能力

（4）自主

这些原则可以鼓励你意识到自己并不比别人更好或更差，并且认识你自己的能力与独特性。

我就是我，是学会了接受自己的人发自内心的一则声明。他不需要为自己的存在而道歉，不必盯着自己的弱点、不足、失败和缺陷。他也不会自我陶醉（那可能包括自高自大和过多的骄傲）或自夸。

由于“事实”可能不足以说服让我们相信自己属于这个星球，因此，我们必须寻求更深层次的信仰和确信。没有人能够用关于他们做了多少好事、创造了多少美好的东西或者赚了多少钱等论据来真正说明他们存在的理由。我们必须下决心庆祝我们的存在，而不是决定我们怎样生活和做些什么。

一个提醒：有时候，继续存在的羞耻感可能标志着这个人存在由生物化学因素引发的抑郁症。不快乐通常是抑郁症的一部分。如果在本书这一小节的任务对你来说似乎不可能完成，只能想象自己去做，那么，你可能需要回顾第 5 章结尾的“练习 2”中有关抑郁的迹象。

为你自己的人生提出积极的心理形象

某些心理形象经常是带着羞耻感出现的。有的男人蹲在地上，低头盯着地面，或者有的女性脸涨得通红，用双手捂着脸。这些形象体现了人们在身体上和情绪上对羞耻感的响应。每个人都可能形成了他或她自己特有的感到羞耻的形象。对某人来说，可能是他对自己孩提时代父亲或母亲用手指着他的情形的回忆；对另一个人来说，他的羞耻感可以描述为可怜的、软弱的形象，没有能力做好任何事情；还有的人也许记得某个格外令人窘迫的场景，比如喝得“酩酊大醉”，这是他的羞耻感的标志。这些生动鲜活的形象，既体现了羞耻感，也加深了羞耻感。它们显示了当人们感到羞耻的时候的模样，从而体现了羞耻感；同时，这些形象削弱了人们的自我价值的感觉，从而加深了羞耻感。

这些“自动冒出的”形象，伴随着一些自动浮现的羞耻想法。

自豪、荣耀、体面和自尊等这些词语，会产生迥然不同的心理形象。把你自己想象成站得笔直、眼望前方、充满尊严和力量的样子。这些积极的形象至关重要。如果你想治愈过多的羞耻感，需要在内心形成几幅你自己的积极形象，以反击那些习惯性的自我羞耻的形象。

最好的形象是自然冒出的形象。这些形象源于你人生中真正的成功，或者源于关于你自己的理想化的概念。它们给人的感觉是恰好适合你。你会觉得，当你允许自己来提升这些形象时，仿佛在看着最佳状态下的你自己，也就是说，在这个美好的世界中生活的优秀的人。

有些心理形象涉及你那不会感到羞耻的并且健康的自我，这些形象可能来源于童年时代。例如，某人可能记得这样一个场景：他和他父亲在狩猎季节一同沿着猎物的足迹追踪下去，他们进行了“人与人之间的”交谈，并没有真正关注狩猎，而是享受着对方的陪伴，因为他们相互感兴趣并且尊重以待。在这个场景中，关键的组成部分是它的清晰、简单和力量。场景中的儿子如今虽已长大成人，仍然可以运用这一形象来提醒他自己：他可以有尊严地活着。

另一些形象可能更加直接。某位过去曾被男性支配的女性，也许能想象这样的场景：她正在平静和清晰地向自己的男朋友或男性老板解释自己的观点。这种形象将帮助她在现实生活中与男性交流，因为有了这种形象后，她不会一开始就以为自己不如男人那么能干。

并非所有正面的形象都得像上面列举的那么具体。你可能用你相信有着内在尊严的某样东西来想象，比如一只雄鹰或一棵橡树。你可能在努力每天都做一些体现你的尊严的事情。

- **如果我是一只雄鹰，我不会传播或者听信关于他们的谣言。**
- **如果我是一棵橡树，即使是在困难的时候，我仍然会高昂着头颅。**

请注意，你的形象不必是英雄般的形象。你不必把自己想象为一个征服世界的英雄，扫清了妨碍你释放羞耻感的一切障碍。事实上，当你意识到自己不可能做到那种英雄般的形象时，那种形象可能反而给你带来了更大的羞耻感。有助于你对自己感觉好一些的形象，将减少产生羞耻感。它们并不是关于你永远不可能做到的幻想中的形象。

你需要别人的帮助来形成对自己的备感尊重的形象吗？本章结尾处的练习将帮你完成这一任务。

重塑或提升你的精神生活，为你的存在寻找积极的意义

当你意识到你需要修复受伤的精神性并且改变你的感觉、思想和行为时，

你可以继续你的恢复过程。你可能还需要通过祈祷、冥思以及和他人讨论等方式来重塑或提升你的精神性。

这种精神探索可能令人害怕。有时候，人们想到要与某个人恢复联系，但在他们看来，这个人很早以前就在谴责他们、凌驾于他们之上，那么，这个场景会让他们不寒而栗。另一些人随着自身心灵与希望受到损失，对精神性失去了兴趣。还有些人也许不得不解决他们自己对上帝的震怒，他们觉得，上帝使得他们在如此长时间里感觉这么糟糕。最后，还有另一些人对有组织的宗教活动几乎没有兴趣，不希望将自己深切的羞耻感与精神压抑联系到一起。他们可能担心，如果把这两者联系到一起，他们将不得不接受某种令人不舒服的宗教。

我们将轻松地指引你的精神探索。我们只建议你越过羞耻感的孤独与凄凉，朝着与整个世界联系起来的方向迈进。我们必须以某种方式找到我们的精神性，让我们对自己人生的意义产生深刻的感受。

羞耻感将我们与世界隔离开来。当我们治愈了羞耻感时，将会发现自己不再孤单。有些人发现，当他们开始确信自己被慈爱的上帝紧紧抓住时，便不再担心被人抛弃了。另一些人欣喜地发现，他们心底里有一种深刻的认识，认识到自己的内心有一束精神之光。

有的作者写道，羞耻感（指正常的、健康的羞耻感）有助于人们保存和保护精神性。他们注意到，某人的生活中那些直抵精神深处的事件，通常是私密的、个人的——当然，也有极少数人希望将他们的祈祷和冥思公之于众。这种观念提醒我们，我们的目标并不是消除羞耻感，而是学会怎样适当地认识和运用它。人们不可能不带任何羞耻感地找到自己的精神核心，但他或她将摆脱过多的羞耻感，并且对正常的、保持内心和谐的羞耻感持一种开放的心态。

小结

我们拥有一种伤害我们自身的非凡能力。我们伤害自己的一种方式是羞辱我们自己。当我们强调自己的弱点和缺陷时，便会忘了自己天生就是宝贵而有价值的，忘了“天生我材必有用”。在本章中，我们提供了一些专门用来将自我羞辱的想法和行为转变成自我尊重的指导原则。

有些指导原则直接指向我们反复对自己强调的羞辱信号。这些信号妨碍了我们形成更加积极的人生观。我们必须注意和挑战这些信号，并且用积极的肯定来替代它们。我们还必须改变我们的行为，以便持续地尊重自己。

我们从羞耻感中恢复过来的两个标志，一是学会了庆祝我们的存在，二是对自己的人生形成了积极的心理形象。

此外，还必须解决精神上的空虚与绝望问题。深感羞耻的人可能失去了信念，觉得人生没有意义。我们得开始或者重新开始我们的精神探索，以便为自己在这个世界上找到一席立足之地。

练习

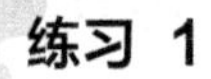

练习 1

回到第1章结尾处的“练习3”，再简要回顾一遍。如果这些谴责的信号中的某些对你来说是个问题，试着在一张单独的纸上进行下面的练习。

- 我给自己的羞辱信号是：
- 给自己这个信号时，我正在做什么？
- 我是从哪里或者什么人那里学到这个信号的？

- 我确定这个信号是真的时，自己多大年纪？
- 我需要做出什么样的积极的决定来改变这个信号？

写下将帮助你把过往的事情抛在脑后的肯定话语，也就是那种体现了你正在做出的、关于你是什么样的人的全新决定的肯定话语。现在，经常重复这些肯定的话，并且开始“假装”它们是真的。例如，如果你确定自己长得很美而不是很丑，那就用美好的眼光看待自己，并“假装”你就是个美丽姑娘 / 美男子。如果你确定你很聪明，不是傻瓜，那就认真地倾听你的想法和见解。告诉你自己，这些想法都是值得的，并且和别人一块采取行动，仿佛你对自己的所思所想和所说的话感到自豪。在一张单独的纸上记下你“假装”的结果。

练习 2

自我羞辱的行为的解药是自豪感、荣誉感、自尊和尊严。在一张单独的纸上记下你用不加羞辱的方式对待自己的时候。例如：

- 在……的时候，我觉得自豪（对我做过的某件事情感到满意）。
- 在……的时候，我觉得光荣（我表现得诚实和正直）。
- 在……的时候，我感到自尊（我对自己和蔼和体贴）。
- 在……的时候，我感到有尊严（值得、能够昂头挺胸）。

为了拥有更多的这些体验，你需要做些什么？

练习 3

当我们不仅为了他人而且还为我们自己做某件事情时，我们便在庆祝我们的存在。例如，我们可以通过以下方式庆祝自己的存在：

- 出去走一走，体验一下属于大自然的感觉；
- 用唱歌、跳舞或写诗来表达我们的感受，决心让我们自己快乐和自由，让其他人的爱长驻我们的心。

傲慢的人可以通过聚焦我们的人性和谦逊来庆祝自己的人生。缺乏羞耻感的人可以通过颂扬他人和自己的人生来庆祝。这个星期，至少以一种特殊的方式来庆祝你的人生。如果这看起来与你自己无关，找一位可以帮助你学习怎样从生活中寻找快乐的朋友来帮你。列举一些可能性。

练习 4

给你自己至少半小时时间出去走一走。让自己随意漫步，而不是刻意向某个特定的地方走去。在慢慢地散步的过程中，让大自然中某些积极的东西吸引你的注意，比如一片独特的灌木丛、一棵特别的树、一条小河、一只正在筑巢的小鸟。当类似这样的东西突然出现在你面前时，想方设法去发现它的美。探索它对你来说释放了什么样的信号，并且思考你可能以怎样的方式像它一样。这个星期，用它来为你自己留下一种积极的形象。在一张单独的纸上写下你从中学到了什么。(例如：一个有耐心的人可能由一棵橡树联想到，对自己缓慢的成长有耐心，其实也是一种力量的体现。)

练习 5

强烈的羞辱体验和自我羞辱可能使我们感到人生失去意义。我们对自己为什么存在、我们有些什么用处以及我们是否有着美好的未来等问题感到困惑。我们必须与这个世界重新联系起来。一种方法是着重关注我们的呼吸，使之更深且更放松，让我们摄入更多的氧气，以此鼓励我们。通常情况下，我们中有些人持续不断感到羞耻，在练习这种呼吸方法的时候将下意识地屏住呼吸，这使得原本已经感到害怕、压抑和分离的我们陷入更深的这些情绪之中。因此，不论什么时候，只要发现我们自己屏住了呼吸或者感受到了压抑，花几分钟时间深呼吸几下。这将是我们与这个世界重新联系起来的好的开端，将使我们重新开始与自己联系起来。

在一张单独的纸上回答下面这两个问题：

- 这个星期，你从自己的呼吸中发现了什么？
- 经常性地深呼吸，可以怎样改变你与这个世界的关系？

自我探索或者精神上的重新联系，还意味着经常练习某种形式的轻松的冥思、祈祷或者精神想象（例如，想象一位“至高存在者”）。

- 基督教公谊会（贵格会）说：“每个人心中都有一个上帝。”在一张单独的纸上回答这怎样适用于你。

第 15 章

帮助缺乏羞耻感的人

他觉得自己的整个人生很特别，充满天赋。他感到超然不俗、高人一等，于是平静地等待这个世界认可他那耀眼的卓越成就。如今他意识到，他只是一个普通人。他终于从自己幻想中的宝座上走了下来。

“我参加了 20 世纪 60 ~ 70 年代的‘毫不保留地诉说’运动。我对自己做过的每一件事都不加约束地说出来。回想那时，我觉得，为了做真实的自己，你不得不牺牲一些尊严。”

“我的家庭曾经很粗鲁，我们谈论所有的事情。现在，我必须小

心翼翼地说话，以便不让自己和同事感到难堪。我必须学会尊重他们的界限。”

在最后的几章，我们着重探讨了具有正常的或过多的羞耻感的人存在的问题，以及可以怎样治愈羞耻感。在本章，我们将观察，如果你缺乏羞耻感并倾向于以自我为中心、无礼和不慎重，你可以做些什么。

缺乏羞耻感并不一定是极端的情形。也许每个人都曾有过自我膨胀的时刻，膨胀到与这个世界脱节的地步。举个例子，在一次聚会上，主持人请某人将他自己最近的成就告诉大家。他开始讲述自己的故事，感觉非常美妙，有些得意忘形，过了 10 分钟后，他开始注意到所有人都心不在焉了。如果这个人有着正常的羞耻感，这一经历会让他感到惭愧。他有望从容应对这种经历，甚至还从这一局面中找出一些自嘲的机会。而有着过度羞耻感的人会把这一场景更多地当成他自己的不足的证据，没有意识到这种情形迟早也会发生在几乎每个人的身上。完全缺乏羞耻感的人则甚至没有注意到其他人都在走神，没听他说话，并且一定会继续他的吹嘘。

正常的羞耻感将某人与其他人隔绝开来，但他们之间有望重新恢复原先的联系。然而，缺乏羞耻感的人甚至都没有意识到他和别人之间的联系中断了。缺乏羞耻感的人心中只装着他自己，甚至以为人们总是对他的一言一行充满兴趣。他还缺乏同理心。他不能从他身边人的视角来看问题，因为他从来没有想过放下自己的视角。

我们已经探讨过从过多的羞耻感中**恢复**的理念。在缺乏羞耻感的情形中，问题是还要进行一次**探索**。缺乏羞耻感的人必须努力探讨人与人之间不加羞辱、审慎对待、尊重有加和个人尊严等的价值。他必须牺牲他自我感觉的、自己就是宇宙中心的位置，才能加入到普通人的行列。

以下这些指导原则将帮助缺乏羞耻感的人进行恢复。

从缺乏羞耻感中摆脱的指导原则

（1）接受谦逊的原则，也就是说，认识到你不比其他人更好或更差。

（2）提升对他人的兴趣和关注。

（3）练习隐私和谦虚，以抵消无礼。

（4）练习把握分寸和尊重地对待他人。

接受谦逊的原则，也就是说，认识到你不比其他人更好或更差

感到以自我为中心、自我陶醉且缺乏正常羞耻的人必须做出一个重要的决定。他是不是还要坚持自己的观点，认为自己和身边的人相比在某种程度是特别的，而且一定比身边的人更优秀？或者，他是不是愿意放弃那个概念并欢迎谦逊的原则？这并不容易抉择。实际上，许多人试图折中选择。他们表现出“虚伪的谦虚”，假装自己就和其他人一样，但在内心依然觉得自己高人一等。

我们很难改变自己对人生做出的假设。自始至终“就知道”自己高人一等的人，在发现他的这种信念没有任何依据时，将体验到极大的困惑。他可能继续坚持，认为他就是比别人聪明、理智，诸如此类。就这个方面而言，我们每个人都可能找到至少几条理由来证明我们的优越。缺乏羞耻感的人把注意力集中在这些观点上，以便对自己证明自己天生的卓越性。他觉得，如

果他不是高人一等的话，那就什么也算不上。

这种认为“自己什么也不是”的感觉，是最大的问题。有些人无法做到谦逊，是因为他们将谦逊与“什么也不是”混为一谈。他们总是处在他们自己的宇宙中心。将他们当成普通人看待，好比让太阳答应变成一个小小的行星。缺乏羞耻感的人可能觉得，他们不可能在那种情形下生活。

对缺乏羞耻感的人来讲，治愈的第一步是意识到谦逊是可以做到的。这意味着他清楚地发现自己可以学着接受这种观点，也意味着他可以把自己想象成“小行星”而不是“太阳”。

当缺乏羞耻感的人决定自己想要谦逊地生活时，治愈的第二步出现了。但他为什么应当谦逊地生活呢？为了让自己在情绪上和精神上与其他人重新联系起来。自高自大会让他感受不到社会的温暖，也体验不了亲密关系的温馨。他需要摆脱那种高人一等的孤独感，加入其他人之中。

这样的决定是痛苦的。缺乏羞耻感的人可能继续保持他的优越感，是因为那种感觉他很熟悉，或因为它看起来似乎是对的，又或者因为他宁愿保持这种感觉也不要在放弃优越感时觉得自己什么都不是的感觉。他还可能决定探索谦逊这个领域，以便了解是不是值得用优越感来替代融入社会的感觉。在这个过程中，他可能频繁地在这两种状态之间摇摆不定、犹豫不决。

谦逊意味着接受这样一个现实：你既不比他人更好，也不比他人更差。这是一种尊重所有人内在尊严的理念。谦逊的人不一定放弃他自己擅长的东西，也不一定假装他自己所做的每一件事情都有“平均水平”。他依然可以在自己做的事情上面追求卓越。

我们也不应该将“谦逊”（humility）和“蒙羞”（humiliation）这两个词混淆。一个人可以在不感到蒙羞的情形中做到谦逊。**谦逊**这个词意味着对自己和他人的尊重；蒙羞意味着不尊重。

欢迎谦逊的过程的第三步是真诚且不断地努力做到谦虚地生活。这一定不只是一种美好的理念或者一个有趣的可能性那么简单，而是必须每天都这样生活。我们可以采用三种方式来开始更加谦虚地生活，这三种方式分别在指导原则 2、3、4 中描述。

提升对他人的兴趣和关注

如果你觉得自己有些缺乏羞耻感，从而辨别了自己在这方面的某些性格特征，需要有意识地做到对他人更感兴趣。这也就是说，要仔细地倾听他人在说什么，而不是没有耐心地试图将他人的注意力转移到你身上。这意味着关注到你遇到的每一个人的内在尊严。

欧文·波尔斯特（Erving Polster）在《每个人的生活都值得写一部小说》（*Every Person's Life Is Worth a Novel*）一书中描述了我们怎样可以写一部关于每个人的小说，因为我们全都过着有趣的和令人兴奋的生活。他认为，许多人没有意识到他们经历的丰富与美。他相信，那种治疗法通常包括请一位咨询师来撰写他的客户的故事，以便两个人可以更加欣赏对方。感到深深羞耻的人通常从这种方法中受益。他们需要某个人帮助他们意识到自己的尊严和美。

缺乏羞耻感的人得放下关于他自己人生的小说（对自己的这部小说，他经常反复地读），并且参与到他人的人生故事中。他必须学会怎样撰写别人的人生故事，也就是说，帮助他人讲述他们的故事。例如，有位丈夫坚持要告诉自己的妻子，他在当垒球队的游击手时，每一场比赛都有着怎样出色的表现，此刻，这位丈夫应该提醒自己把他的故事快速进行概括，然后真正地倾听他的妻子都关心些什么。

假装听到了他人说话，还做得不够。某位母亲在听她孩子说话时，不时地点一点头，实际上却在一门心思看报纸，那么，她依然在专注于自己的事情，没有做到倾听。我们必须学会将自己的注意力集中在他人身上。我们必须乐意对他人的故事很着迷，好比对我们自己的故事也很着迷那样。

每个人都有自己独特的智慧。缺乏羞耻感的人在收集他人的经历与故事时，可以从中学到许多。但首先他必须意识到，他并非知道天底下所有的事。他必须承认，世界上其他人不单单是为他而存在，这样一来，他才会让自己谦逊一些。

缺乏羞耻感的人可以学会将注意力从他们自己身上移开，转到他人身上。起初，他们也许每次只能短暂地把注意力集中在别人身上。但经过经常的练习，可以逐渐提高这种技能。每天早晨都让自己下一次决心，甚至一开始时记下你每天从别人那里了解到了什么，是有益之举。记住，这里的目的并不是发现其他人有什么不好的地方或者缺点，而是发现他们优秀的品格和内在的尊严。

练习隐私和谦虚，以抵消无礼

缺乏羞耻感的人需要练习谦虚和隐私，以便抵消过多地表现他自己的趋势。

谦虚的人不会把别人的注意力过多地吸引到他自己身上。例如，他可以待在幕后，让其他人接受表扬。为了做到不炫耀，他也可以有一定程度的保留。他不需要把关于他自己的一切都告诉别人。他的谦虚体现了一种发自内心的平和，也就是说，他知道自己是什么样的人，并且对自己作为一个人的价值有信心。

谦虚的人也喜欢他人某种程度的关注和欣赏。他和过度羞耻的人不一样的是，他不害怕被人们关注。他可以优雅地从台前走到幕后，并且不论是在台前还是幕后，都对自己的地位感到舒服和适应。

一个人需要有自己的隐私，以便使他自己与这个世界保持一定的界限。正常的羞耻感帮助我们保护这种界限，因为当我们已经侵犯了某人的（包括我们自己的）隐私时，我们内心泛起的这种羞辱感便会告诉我们。缺乏羞耻感的人也需要拥有羞耻感，以便他更加清楚地懂得自己和其他人之间的差别。他得理解，他不可能知道身边所有人的一切事情，而他身边的所有人，同样也不必了解关于他的一切事情。

缺乏羞耻感的人必须学会保守一些“秘密”。我们并不是探讨那些一旦遮遮掩掩便会导致不健康羞耻感的严肃的事情，而是讨论当你曾经寻求过赢得别人的关注时，要练习让自己隐身在幕后。这方面的一个例子是为别人做一些好事，并且不跟任何人提起。第二个例子是在合唱期间甘当和声而不是领唱。第三个例子是听到某则谣言后不对任何人传谣，而是让谣言止于你这里。努力尝试过这些的人，可以对谦虚和隐私的价值产生一种新的尊重。

练习把握分寸和尊重地对待他人

分寸的把握和慎重是对谦虚与隐私的补充。它们提醒某个人，当他不太关注其他人的界限时，他们可能会感到羞耻。

这里介绍几件**不要做**的事情：

- 把你刚刚了解到的关于某位朋友的所有事情告诉每一个人。
- 在公开场合说出你的伴侣最近感到无比尴尬的场景。
- 把你家已经步入青春期的孩子的性行为告诉你的朋友。

- 在一场“私底下的”交谈中大声说话，使得别人无意中听到了你说的东西。

忽视这种分寸的把握，将羞辱他人。这种行为也可能是故意的、有计划的。它也可能是一半有意、一半无心的攻击他人的行为，同时不想对我们自己的行为承担责任。它还可能完全是偶然的，或者是在社交事务中忽略了某些东西的结果。不论原因为何，轻率的言行表明某个人侵犯了羞耻的界限。

缺乏羞耻感的人需要练习有分寸的言行，有两方面原因。首先，他将赢得其他人的尊重。根据《羞耻感：关怀的力量》（*Shame: The Power of Caring*）一书作者、心理学教授格森·考夫曼（Gershen Kaufman）的观点，这将有助于在缺乏羞耻感的人和其他人之间架设一座“人与人之间的桥梁”。其次，当他意识到自己关心的人的羞耻感时，将会更多地了解他本人以及他的羞耻感。他将以一种不同的方式来看待自己，也就是说，把自己当成是一个能够感受正常羞耻感的人。那反过来可以引领他产生良好的自豪感、尊严和自尊。

小结

治愈缺乏羞耻感的情形，关键在于深刻认识谦逊的原则，清醒知道我们每个人都不会比其他人更好或更差。缺乏羞耻感的人真正接受这个概念，加上下决心在日常社交中运用这一概念，将有助于他们与其他人更好地交往。和之前相比，他还会减少孤独感，更多地融入这些交往之中。

缺乏羞耻感的人必须在以下两者之间做出选择：渴望变得独特（成为宇宙的中心）和渴望与他人建立密切联系。谦逊和以自我为中心不可能同时进行。如果他选择了谦逊，需要对他人投入更多的兴趣与关心，能够练习隐私和谦虚，并且有意识地把握分寸和尊重对待他人。

练习

练习 1

我们中那些缺乏羞耻感的人往往很大程度上只关注自己，比如自己的主张、自己的活动、自己的感受、自己的渴望。在此过程中，尽管我们认为自己很了解他人，实际上几乎完全不了解。有时候，我们没能注意到人与人之间奇妙的差异。我们需要对他人感兴趣。选择一个你想要了解的人。花时间和那个人在一起，鼓励他或和他交谈，并且仔细听他或她说什么。然后回答以下这些问题：

- 这个人多大年纪？居住在什么地方？
- 这个人做什么工作？
- 这个人不喜欢的三样东西是什么？
- 这个人很喜欢的三样东西是什么？
- 这个人一般和谁分享他或她的感觉？
- 这个人有什么不同寻常之处？
- 他或她性格外向还是内向？为什么？
- 这个人对他或她自己的感觉如何？
- 这个人对我的感觉如何？

至少和两个不同的人再做一次这个练习，把注意力大部分放在他们身上。

练习 2

如果你过去常常获得众多的关注，请在你参与的下一个项目、下一个委员会或下一项活动中扮演幕后角色。你在干幕后工作时，列出当前正在台前获得关注的人都有哪些优点。看看你是不是可以在他们身上找到任何你希望自己拥有的优点。如果你看不出他们的优点，在另一种场合中再试一试，并且再做一次这个练习，直到你能看出别人的优点为止。

练习 3

在一个星期之内拒绝讲出任何秘密或散布任何谣言，不论你在反复强调你知道的东西，或者在讲那些东西时感到你自己有多么见多识广、消息灵通，从而赢得多少人的关注。你得到了什么？失去了什么？你了解了自己什么？又了解了他人什么？

练习 4

记住羞耻和困窘的信号，也就是说，某个人低头望着地面或者望向别处、脸红、转过身去。训练你自己去观察其他人身上的这些信号。然后，如果你在和某人交谈的时候发现对方出现了这些信号，在心里问自己，你是不是在谈话的时候没有注意分寸。如果你们当时在公共场合，问那个人是否更愿意私下里谈论你们刚才的话题。如果你难以拿捏分寸，必须学会适当的慎重，你可以向对方了解，这场谈话应当确立怎样的界限。还要注意，当对方对你的交谈显得很尴尬时，你自己是什么感觉。你觉得担心吗？觉得比他 / 她优越？在心里偷着乐，还是其他的感觉？这种态度透露了你在为人处世方面什么样的能力？变得谦逊吗？

后　　记

几年前，我们开始了对羞耻感的研究。起初，我们只找到一些充满悲观论调的书籍和文章。它们的作者们似乎在暗示，谁也帮不了长期感到羞耻的人，因为羞耻感代表着做人的失败。不过，我们慢慢发现，有些作者注意到了羞耻感的积极价值。这些人对治愈人们的羞耻感更为乐观，因为他们认为，陷入羞耻中的人并非毫无希望。

我们相信羞耻感可以治愈。没错，羞耻感是一种痛苦的感觉，但它也只是一种短暂的状态。感到羞耻的人觉得被他人孤立，但有希望重新回到社会温暖的怀抱。羞耻的感觉告诉我们，有些东西出了问题——也就是说，我们已经跟自己、跟我们爱的人、跟这个世界，以及跟精神上的“至高存在者”全都脱了节。我们需要关注自己的羞耻感，以学会怎样使我们再度昂首挺胸地继续做人，并且成为人类社会中的一分子。

我们着重强调了生活的四项原则：人性、谦逊、自主和能力。我们可以把注意力集中在这四个概念上，以减轻我们的痛苦。它们提醒我们，我们是普通的人，不比别人更好或更差；我们是独一无二和独立自主的；我们“足够好”，在这个世界中应当拥有我们自己的位置。

我们大多数人在治愈羞耻感时需要帮助。只有把羞耻感带到不会令人羞辱的个人关系的光芒之下，它的治愈才最有效。我们很想让其他人向我们保证，保证不会抛弃我们，从而隐藏我们的羞耻感，这是一种自然的渴望，但我们必须反击这一渴望。我们必须挑战自己想要指责和羞辱我们自己的趋势。我们还得挑战那些（过去或现在）加深我们的羞耻感的人。所有这些，需要我们拿出时间、精力、勇气和耐心。羞耻感是可以治愈的，但很少能够马上治愈。

我们必须用其他的感觉来替代羞耻感，而不只是将它消除。我们可以用荣耀、体面、自我价值感和切合实际的自豪来替代羞耻感。我们可以尊重地对待自己和他人。我们可以在每个人身上看到人类的美好与善良，包括我们自己。

我们希望你能从我们这里介绍的信息中增长知识。此外，我们希望你用这些知识帮助创造一个美好的世界，在其中，人们可以大胆或轻松地接受羞耻感。最重要的是，我们希望每一个人都能过上和身边人相互欣赏、相互尊重的生活。

本书作者

参考文献

Bradshaw, John. *Healing The Shame That Binds You.* Deerfield Beach, Fla.: Health Communications, Inc., 1988.

Ekman, Paul. *The Face of Man: Expressions of Universal Emotions in a New Guinea Village.* New York: Garland Publishing, Inc., 1980.

Evans, Sue. "Shame, Boundaries, and Dissociation in Chemically Dependent, Abusive and Incestuous Families." In *The Treatment of Shame and Guilt in Alcoholism Counseling,* edited by Ronald T. Potter-Efron and Patricia S. Potter-Efron. New York: Haworth Press, 1988.

Fischer, Bruce. "The Process of Healing Shame." In *The Treatment of Shame and Guilt in Alcoholism Counseling,* edited by Ronald T. Potter-Efron and Patricia S. Potter-Efron. New York: Haworth Press, 1988.

Flanigan, Beverly. "Shame and Forgiving in Alcoholism." In *The Treatment of Shame and Guilt in Alcoholism Counseling,* edited by Ronald T. Potter-Efron and Patricia S. Potter-Efron. New York: Haworth Press, 1988.

Izard, Carroll E. *Face of Emotion.* New York: Appleton-Century-Crofts, 1971.

Kaufman, Gershen. *Shame: The Power of Caring.* 2d ed. Cambridge, Mass.: Schenkman Books, Inc., 1985.

Kinston, Warren. "The Shame of Narcissism." In *The Many Faces of Shame,* edited by Donald L. Nathanson. New York: Guilford Press, 1987.

Kohut, Heinz. *The Search For Self.* New York: International Press, 1978.

Kübler-Ross, Elisabeth. *On Death and Dying.* New York: Macmillan, 1969.

Kurtz, Ernest. *Shame and Guilt: Characteristics of the Dependency* Cycle. Center City Minn.: Hazelden, 1981.

–. *Not-God: A History of Alcoholics Anonymous.* Center City, Minn.: Hazelden, 1979.

Lewis, Helen Block. *Shame and Guilt in Neurosis.* New York: International Universities Press, Inc., 1971.

Morrison, Andrew. "Working with Shame in Psychoanalytic Treatment." *Journal of the American Psychoanalytic Association* 32 (3) (1984): 479-505.

—. "Shame, Ideal Self and Narcissism." *Contemporary Psychoanalysis* 19 (2) (April 1983): 195-318.

Nathanson, Donald L. "A Timetable For Shame." In *The Many Faces of Shame,* edited by Donald L. Nathanson. New York: Guilford Press, 1987.

Piers, Gerhart and Milton Singer. *Shame and Guilt*. Springfield, Ill.: Charles Thomas, 1953.

Polster, Erving. *Every Person's Life Is Worth a Novel*. New York: W. W. Norton, 1987.

Polster, Erving and Miriam Polster. *Gestalt Therapy Integrated: Contours of Theory and Practice.* New York: Vintage, 1973.

Ramsey, Ed. "From Guilt to Shame Through A.A.: A Self-Reconciliation Process." In *The Treatment of Shame and Guilt in Alcoholism Counseling,* edited by Ronald T. Potter-Efron and Patricia S. Potter-Efron. New York: Haworth Press, 1988.

Schneider, Carl. "A Mature Sense of Shame." In *The Many Faces of Shame,* edited by Donald L. Nathanson. New York: Guilford Press, 1987.

—. *Shame, Exposure and Privacy.* Boston: Beacon Press, 1977.

Smalley, Sondra. Lecture on codependency. Eau Claire, Wis., 6 September 1985.

Smedes, Lewis. *Forgive and Forget: Healing the Hurts We Don't Deserve*. New York: Pocket Books, 1984.

Tomkins, Silvan. "Shame." In *The Many Faces of Shame,* edited by Donald L. Nathanson. New York: Guilford Press, 1987.

自尊自信

《自尊（原书第4版）》

作者：[美] 马修·麦凯 等 译者：马伊莎

帮助近百万读者重建自尊的心理自助经典，畅销全球30余年，售出80万册，已更新至第4版！

自尊对于一个人的心理生存至关重要。本书提供了一套经证实有效的认知技巧，用于评估、改进和保持你的自尊。帮助你挣脱枷锁，建立持久的自信与自我价值！

《自信的陷阱：如何通过有效行动建立持久自信》

作者：[澳] 路斯·哈里斯 译者：王怡蕊 陆杨

很多人都错误地以为，先有自信的感觉，才能自信地去行动。 提升自信的十大原则和一系列开创性的方法，帮你跳出自信的陷阱，自由、勇敢地去行动。

《超越羞耻感：培养心理弹性，重塑自信》

作者：[美] 约瑟夫·布尔戈 译者：姜帆

羞耻感包含的情绪可以让人轻微不快，也可以让人极度痛苦

有勇气挑战这些情绪，学会接纳自我

培养心理弹性，主导自己的生活

《自尊的六大支柱》

作者：[美] 纳撒尼尔·布兰登 译者：王静

自尊是一种生活方式！“自尊运动”先驱布兰登博士集大成之作，带你用行动获得真正的自尊。

《告别低自尊，重建自信》

作者：[荷] 曼加·德·尼夫 译者：董黛

荷兰心理治疗师的案头书，以认知行为疗法（CBT）为框架，提供简单易行的练习，用通俗易懂的语言分析了人们缺乏自信的原因，助你重建自信。